はじめに

『1対1対応の演習』シリーズは，入試問題から基本的あるいは典型的だけど重要な意味を持っていて，得るところが大きいものを精選し，その問題を通して

入試の標準問題を確実に解ける力

をつけてもらおうというねらいで作った本です．

さらに，難関校レベルの問題を解く際の足固めをするのに最適な本になることを目指しました．

そして，入試の標準問題を確実に解ける力が，問題を精選してできるだけ少ない題数（本書で取り上げた例題は44題です）で身につくように心がけ，そのレベルまで，

効率よく到達してもらうこと

を目標に編集しました．

以上のように，受験を意識した本書ですが，教科書にしたがった構成ですし，解説においては，高2生でも理解できるよう，分かりやすさを心がけました．学校で一つの単元を学習した後でなら，その単元について，本書で無理なく入試のレベルを知ることができるでしょう．

なお，教科書レベルから入試の基本レベルの橋渡しになる本として『プレ 1対1対応の演習』シリーズがあります．また，数ＩＡⅡＢを一通り学習した大学受験生を対象に，入試の基礎を要点と演習で身につけるための本として「入試数学の基礎徹底」（月刊「大学への数学」の増刊号として発行）があります．

問題のレベルについて，もう少し具体的に述べましょう．入試問題を10段階に分け，易しい方を1として，

1〜5の問題……A（基本）
6〜7の問題……B（標準）
8〜9の問題……C（発展）
10の問題………D（難問）

とランク分けします．この基準で本書と，本書の前後に位置する月刊「大学への数学」の増刊号

「入試数学の基礎徹底」（「基礎徹底」と略す）
「新数学スタンダード演習」（「新スタ」と略す）
「新数学演習」（「新数演」と略す）

のレベルを示すと，次のようになります．（濃い網目のレベルの問題を主に採用）

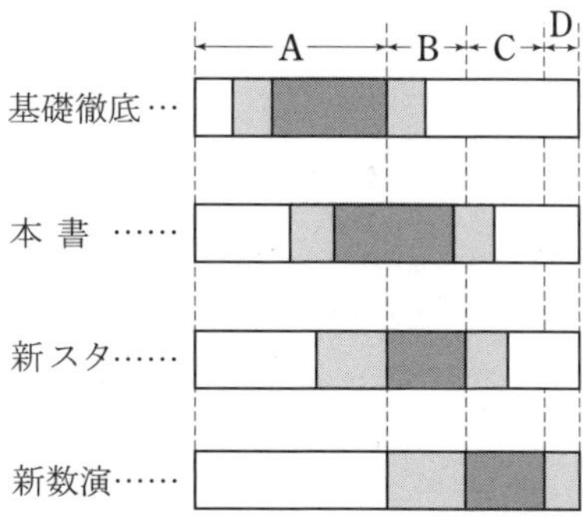

本書を活用して，数Ｂの入試への足固めをしていってください．

皆さんの目標達成に本書がお役に立てれば幸いです．

本書の構成と利用法

坪田三千雄

本書のタイトルにある‘1対1対応’の意味から説明しましょう．

まず例題(四角で囲ってある問題)によって，例題のテーマにおいて必要になる知識や手法を確認してもらいます．その上で，例題と同じテーマで1対1に対応した演習題によって，その知識，手法を問題で適用できる程に身についたかどうかを確認しつつ，一歩一歩前進してもらおうということです．この例題と演習題，さらに各分野の要点の整理（2ページ）などについて，以下，もう少し詳しく説明します．

要点の整理：　その分野の問題を解くために必要な定義，用語，定理，必須事項などをコンパクトにまとめました．入試との小さくはないギャップを埋めるために，一部，教科書にない事柄についても述べていますが，ぜひとも覚えておきたい事柄のみに限定しました．

例題：　原則として，基本～標準の入試問題の中から

・これからも出題される典型問題
・一度は解いておきたい必須問題
・幅広い応用がきく汎用問題
・合否への影響が大きい決定問題

の44題を精選しました（出典のないものは新作問題，あるいは入試問題を大幅に改題した問題）．そして，どのようなテーマかがはっきり分かるように，一題ごとにタイトルをつけました（大きなタイトル／細かなタイトル の形式です）．なお，問題のテーマを明確にするため原題を変えたものがありますが，特に断っていない場合もあります．

解答の**前文**として，そのページのテーマに関する重要手法や解法などをコンパクトにまとめました．前文を読むことで，一題の例題を通して得られる理解が鮮明になります．入試直前期にこの部分を一通り読み直すと，よい復習になるでしょう．

解答は，試験場で適用できる，ごく自然なものを採用し，計算は一部の単純計算を除いては，ほとんど省略せずに目で追える程度に詳しくしました．また解答の右側には，傍注(⇦ではじまる説明）で，解答の補足や，使った定理・公式等の説明を行いました．どの部分についての説明かはっきりさせるため，原則として，解答の該当部分にアンダーライン（——）を引きました（容易に分かるような場合は省略しました）．

演習題：　例題と同じテーマの問題を選びました．例題よりは少し難し目ですが，例題の解答や解説，傍注等をじっくりと読みこなせば，解いていけるはずです．最初はうまくいかなくても，焦らずにじっくりと考えるようにしてください．また横の枠囲みをヒントにしてください．

そして，例題の解答や解説を頼りに解いた問題については，時間をおいて，今度は演習題だけを解いてみるようにすれば，一層確実な力がつくでしょう．

演習題の解答：　解答の最初に各問題のランクなどを表の形で明記しました（ランク分けについては前ページを見てください）．その表にはA*，B*○というように＊や○マークもつけてあります．これは，解答を完成するまでの受験生にとっての“目標時間”であって，*は1つにつき10分，○は5分です．たとえばB*○の問題は，標準問題であって，15分以内で解答して欲しいという意味です．高2生にとってはやや厳しいでしょう．

ミニ講座：　例題の前文で詳しく書き切れなかった重要手法や，やや発展的な問題に対する解法などを1～2ページで解説したものです．

コラム：　その分野に関連する話題の紹介です．

本書で使う記号など：　上記で，問題の難易や目標時間で使う記号の説明をしました．それ以外では，

⇨注は初心者のための，➡注はすべての人のための，➡注は意欲的な人のための注意事項です．また，

∴　ゆえに
∵　なぜならば

1対1対応の演習

数学B 三訂版

目次

正 規 分 布 表

次の表は，標準正規分布の分布曲線における右図の網目部分の面積の値をまとめたものである．

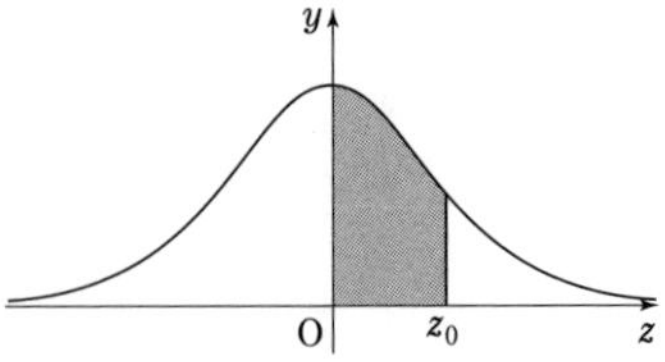

z_0	0.00	0.01	0.02	0.03	0.04	0.05	0.06	0.07	0.08	0.09
0.0	0.0000	0.0040	0.0080	0.0120	0.0160	0.0199	0.0239	0.0279	0.0319	0.0359
0.1	0.0398	0.0438	0.0478	0.0517	0.0557	0.0596	0.0636	0.0675	0.0714	0.0753
0.2	0.0793	0.0832	0.0871	0.0910	0.0948	0.0987	0.1026	0.1064	0.1103	0.1141
0.3	0.1179	0.1217	0.1255	0.1293	0.1331	0.1368	0.1406	0.1443	0.1480	0.1517
0.4	0.1554	0.1591	0.1628	0.1664	0.1700	0.1736	0.1772	0.1808	0.1844	0.1879
0.5	0.1915	0.1950	0.1985	0.2019	0.2054	0.2088	0.2123	0.2157	0.2190	0.2224
0.6	0.2257	0.2291	0.2324	0.2357	0.2389	0.2422	0.2454	0.2486	0.2517	0.2549
0.7	0.2580	0.2611	0.2642	0.2673	0.2704	0.2734	0.2764	0.2794	0.2823	0.2852
0.8	0.2881	0.2910	0.2939	0.2967	0.2995	0.3023	0.3051	0.3078	0.3106	0.3133
0.9	0.3159	0.3186	0.3212	0.3238	0.3264	0.3289	0.3315	0.3340	0.3365	0.3389
1.0	0.3413	0.3438	0.3461	0.3485	0.3508	0.3531	0.3554	0.3577	0.3599	0.3621
1.1	0.3643	0.3665	0.3686	0.3708	0.3729	0.3749	0.3770	0.3790	0.3810	0.3830
1.2	0.3849	0.3869	0.3888	0.3907	0.3925	0.3944	0.3962	0.3980	0.3997	0.4015
1.3	0.4032	0.4049	0.4066	0.4082	0.4099	0.4115	0.4131	0.4147	0.4162	0.4177
1.4	0.4192	0.4207	0.4222	0.4236	0.4251	0.4265	0.4279	0.4292	0.4306	0.4319
1.5	0.4332	0.4345	0.4357	0.4370	0.4382	0.4394	0.4406	0.4418	0.4429	0.4441
1.6	0.4452	0.4463	0.4474	0.4484	0.4495	0.4505	0.4515	0.4525	0.4535	0.4545
1.7	0.4554	0.4564	0.4573	0.4582	0.4591	0.4599	0.4608	0.4616	0.4625	0.4633
1.8	0.4641	0.4649	0.4656	0.4664	0.4671	0.4678	0.4686	0.4693	0.4699	0.4706
1.9	0.4713	0.4719	0.4726	0.4732	0.4738	0.4744	0.4750	0.4756	0.4761	0.4767
2.0	0.4772	0.4778	0.4783	0.4788	0.4793	0.4798	0.4803	0.4808	0.4812	0.4817
2.1	0.4821	0.4826	0.4830	0.4834	0.4838	0.4842	0.4846	0.4850	0.4854	0.4857
2.2	0.4861	0.4864	0.4868	0.4871	0.4875	0.4878	0.4881	0.4884	0.4887	0.4890
2.3	0.4893	0.4896	0.4898	0.4901	0.4904	0.4906	0.4909	0.4911	0.4913	0.4916
2.4	0.4918	0.4920	0.4922	0.4925	0.4927	0.4929	0.4931	0.4932	0.4934	0.4936
2.5	0.4938	0.4940	0.4941	0.4943	0.4945	0.4946	0.4948	0.4949	0.4951	0.4952
2.6	0.49534	0.49547	0.49560	0.49573	0.49585	0.49598	0.49609	0.49621	0.49632	0.49643
2.7	0.49653	0.49664	0.49674	0.49683	0.49693	0.49702	0.49711	0.49720	0.49728	0.49736
2.8	0.49744	0.49752	0.49760	0.49767	0.49774	0.49781	0.49788	0.49795	0.49801	0.49807
2.9	0.49813	0.49819	0.49825	0.49831	0.49836	0.49841	0.49846	0.49851	0.49856	0.49861
3.0	0.49865	0.49869	0.49874	0.49878	0.49882	0.49886	0.49889	0.49893	0.49897	0.49900

数列

本書の前文の解説などを教科書的に詳しくまとめた本として,「教科書Next数列の集中講義」(小社刊)があります．是非ともご活用ください．

数列
要点の整理

1. 数列とは

1・1 定義

文字通り，数の列を数列といい，その各数を項という．数列を一般的には，

$a_1,\ a_2,\ \cdots,\ a_n,\ \cdots$；または $\{a_n\}$

のように表す．第１項 a_1 を初項，一般の n に対して第 n 項 a_n を一般項という．

2. 等差数列

2・1 定義

$a_{n+1}=a_n+d,\ a_1=a$ で定められる数列 $\{a_n\}$ を等差数列といい，d をその公差という．初項 a，公差 d の等差数列の一般項 a_n は，

$$a_n=a+(n-1)d$$

2・2 和の公式

初項から第 n 項までの和を S_n とすると，

$$S_n=\frac{\text{初項}+\text{末項}}{2}\times\text{項数}=\frac{a_1+a_n}{2}\times n$$

3. 等比数列

3・1 定義

$a_{n+1}=ra_n,\ a_1=a$ で定められる数列 $\{a_n\}$ を等比数列といい，r をその公比という．

初項 a，公比 r の等比数列の一般項 a_n は，

$$a_n=ar^{n-1}$$

3・2 和の公式

初項から第 n 項までの和を S_n とすると，

$r\neq1$ のとき，$S_n=\dfrac{a(1-r^n)}{1-r}=\dfrac{a(r^n-1)}{r-1}$

$r=1$ のとき，$S_n=na$

4. 階差数列

4・1 定義

数列 $\{a_n\}$ があるとき，$b_n=a_{n+1}-a_n$ として得られる数列 $\{b_n\}$ を $\{a_n\}$ の階差数列という．

この階差数列を用いると，$\{a_n\}$ の一般項は，

$$a_n(=a_1+(a_2-a_1)+(a_3-a_2)+\cdots+(a_n-a_{n-1}))$$
$$=a_1+\sum_{k=1}^{n-1}b_k\ \ (n\geqq2)$$

5. 和の公式と計算方法

5・1 累乗の和の公式

$$\sum_{k=1}^{n}k=\frac{n(n+1)}{2}$$

$$\sum_{k=1}^{n}k^2=\frac{n(n+1)(2n+1)}{6}$$

$$\sum_{k=1}^{n}k^3=\left\{\frac{n(n+1)}{2}\right\}^2$$

総和で，k が１以外の数から始まる場合は，例えば

$$\sum_{k=10}^{20}k^2=\sum_{k=1}^{20}k^2-\sum_{k=1}^{9}k^2$$
$$=\frac{1}{6}\cdot20\cdot21\cdot41-\frac{1}{6}\cdot9\cdot10\cdot19=2585$$

というように計算すればよい．

5・2 《$\boldsymbol{k}$ の１次関数》$\times\boldsymbol{r^k}$ の和の計算

S_n-rS_n を作ると，等比数列の和を求めることに帰着される．

5・3 差の形に分解

$\displaystyle\sum_{k=1}^{n}\frac{1}{k(k+1)}$ は，$\dfrac{1}{k(k+1)}=\dfrac{1}{k}-\dfrac{1}{k+1}$ であることを利用して，

$$\sum_{k=1}^{n}\frac{1}{k(k+1)}=\sum_{k=1}^{n}\left(\frac{1}{k}-\frac{1}{k+1}\right)$$
$$=\left(1-\frac{1}{2}\right)+\left(\frac{1}{2}-\frac{1}{3}\right)+\cdots+\left(\frac{1}{n}-\frac{1}{n+1}\right)$$
$$=1-\frac{1}{n+1}=\frac{n}{n+1}$$

と計算するが，これと同様に，$a_n\ (n=1,\ 2,\ \cdots)$ を，

$$a_n=f(n)-f(n-1)\ \text{の形に分解する}$$

ことができれば$\left(\text{上の例では，}f(n)=-\dfrac{1}{n+1}\right)$，

$$\sum_{k=1}^{n}a_k=\sum_{k=1}^{n}\{f(k)-f(k-1)\}=f(n)-f(0)$$

と計算できる．

［例］

1° $k(k+1)=\{\underset{\sim\sim}{k(k+1)}(k+2)-(k-1)\underset{\sim\sim}{k(k+1)}\}\cdot\dfrac{1}{3}$

を利用して，

$$\sum_{k=1}^{n}k(k+1)=\frac{1}{3}n(n+1)(n+2)$$

2° $k(k+1)(k+2)$

$=\{\underset{\sim\sim}{k(k+1)(k+2)}(k+3)-(k-1)\underset{\sim\sim}{k(k+1)(k+2)}\}\cdot\dfrac{1}{4}$

を利用して，

$$\sum_{k=1}^{n}k(k+1)(k+2)=\frac{1}{4}n(n+1)(n+2)(n+3)$$

3° $\dfrac{1}{k(k+1)(k+2)}=\left\{\dfrac{1}{k(k+1)}-\dfrac{1}{(k+1)(k+2)}\right\}\cdot\dfrac{1}{2}$

を利用して，

$$\sum_{k=1}^{n}\frac{1}{k(k+1)(k+2)}=\frac{1}{4}-\frac{1}{2(n+1)(n+2)}$$

4° $k\cdot k!=(k+1)!-k!$ を利用して，

$$\sum_{k=1}^{n}k\cdot k!=(n+1)!-1$$

5° $\dfrac{1}{\sqrt{k+1}+\sqrt{k}}=\sqrt{k+1}-\sqrt{k}$ を利用して，

$$\sum_{k=1}^{n}\frac{1}{\sqrt{k+1}+\sqrt{k}}=\sqrt{n+1}-1$$

6° $\dfrac{2k}{k^4+k^2+1}=\dfrac{1}{(k-1)^2+(k-1)+1}-\dfrac{1}{k^2+k+1}$

を利用して，

$$\sum_{k=1}^{n}\frac{2k}{k^4+k^2+1}=1-\frac{1}{n^2+n+1}$$

＊　　　＊

これらに見られるように，a_k と $f(k)$ は形が似ている．

5・4　和と一般項の関係

$a_1=S_1$，$a_n=S_n-S_{n-1}$ （$n=2$，3，…）

（$n\geqq 2$ に注意．形式的に $S_0=0$ とすれば，$n=1$ のときも含めて第2式だけでO.K.）

6．漸化式

6・1　$a_{n+1}=pa_n+q$ （p，q は定数，$p\neq 1$）……①

①に対して，$\alpha=p\alpha+q$ ……② をみたす $\alpha=\dfrac{q}{1-p}$ を考え，①−②をつくると，

$$a_{n+1}-\alpha=p(a_n-\alpha)$$

これは，数列 $\{a_n-\alpha\}$（$a_1-\alpha$，$a_2-\alpha$，… のこと．以下同様）が公比 p の等比数列であることを示すから，

$$a_n-\alpha=p^{n-1}(a_1-\alpha)$$

$$\therefore\ a_n=(a_1-\alpha)p^{n-1}+\alpha$$

$$\therefore\ a_n=\left(a_1-\frac{q}{1-p}\right)p^{n-1}+\frac{q}{1-p}$$

6・2　$a_{n+2}=pa_{n+1}+qa_n$ ……③

a_{n+2}，a_{n+1}，a_n をそれぞれ x^2，x，1でおきかえた2次方程式 $x^2=px+q$ の2解を α，β とおくと，

$\alpha+\beta=p$，$\alpha\beta=-q$ だから，③は，

$$a_{n+2}=(\alpha+\beta)a_{n+1}-\alpha\beta a_n$$

となり，これは，次のように2通りに変形できる．

$$\begin{cases}a_{n+2}-\beta a_{n+1}=\alpha(a_{n+1}-\beta a_n)\\ a_{n+2}-\alpha a_{n+1}=\beta(a_{n+1}-\alpha a_n)\end{cases}$$

よって，2つの数列 $\{a_{n+1}-\beta a_n\}$，$\{a_{n+1}-\alpha a_n\}$ はそれぞれ公比 α，β の等比数列だから，

$$\begin{cases}a_{n+1}-\beta a_n=\alpha^{n-1}(a_2-\beta a_1) & \cdots\cdots④\\ a_{n+1}-\alpha a_n=\beta^{n-1}(a_2-\alpha a_1) & \cdots\cdots⑤\end{cases}$$

$\alpha\neq\beta$ のとき，④−⑤により，

$$a_n=\frac{1}{\alpha-\beta}\{(a_2-\beta a_1)\alpha^{n-1}-(a_2-\alpha a_1)\beta^{n-1}\}$$

$\alpha=\beta$ のときは，④は，$a_{n+1}-\alpha a_n=\alpha^{n-1}(a_2-\alpha a_1)$

この漸化式は，$a_{n+1}=\alpha a_n+f(n)$ の形をしていて，詳しくはp.16〜17の○9，10で扱うが，上の場合は，両辺を α^{n+1} で割ると

$$\frac{a_{n+1}}{\alpha^{n+1}}=\frac{a_n}{\alpha^n}+\frac{a_2-\alpha a_1}{\alpha^2}$$

となり，$\dfrac{a_n}{\alpha^n}=b_n$ とおくと，$\{b_n\}$ は等差数列で，a_n が求まる．

6・3　推定し，数学的帰納法で証明

解法がすぐには思いつかないというときは，a_1，a_2，a_3，… を具体的に求めて a_n を推定し，それが正しいことを数学的帰納法で証明する，という手段があることも忘れてはならない．

6・4　漸化式の応用

漸化式は，いつも一般項が求められるとは限らない．とくに証明問題では，無理に一般項を出そうとするのではなく数学的帰納法を利用したり，漸化式を漸化式のままで活用することが重要である．

1 等差数列の最大・最小

(ア) 等差数列 a_1, a_2, a_3, … の第10項が37, 第20項が -33 であるとき, 数列 $\{a_n\}$ の初項は $a_1=$ □ であり, 項の値が負の数になる最初の項は第 □ 項である. 数列 $\{a_n\}$ の初項から第 n 項までの和を最大にする n は □ である. (東京都市大)

(イ) 初項が -35 であり, 第7項から第13項までの和が7である等差数列の公差は □ である. また, この数列の初項から第 n 項までの和を S_n とすると, $|S_n|$ が最小となるのは $n=$ □ であり, そのとき $|S_n|=$ □ である. (共立薬大)

等差数列の和 $(\text{等差数列の和})=\dfrac{(\text{初項})+(\text{末項})}{2}\times(\text{項数})$ で計算するのがオススメ.

S_n が最大となるとき $S_{n+1}=S_n+a_{n+1}$ なので, 図1のように $a_5>0$ のとき S_5 は S_4 より大きく, $a_6<0$ のとき S_6 は S_5 より小さくなる. $\{a_n\}$ が等差数列で, 初項が正, 公差が負であれば, a_n の符号が正から負に変わるところで, S_n が最大となる (図1). 数列のうち正の項ばかりを足せば, 和が最大になるのは当然. S_n の式を求めずとも, S_n が最大となる n を求めることができる.

図 1

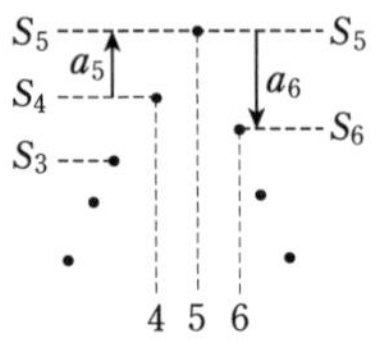

図 2

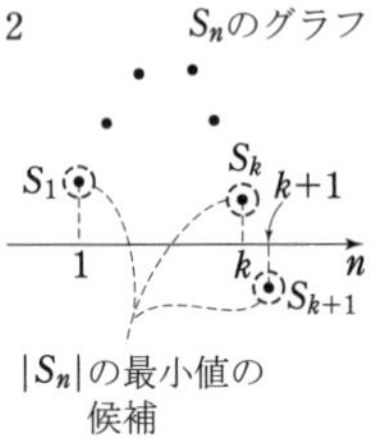

$|S_n|$ の最小値の求め方 $|S_n|$ の最小値の候補は, S_n の符号が変わる前後と $|S_1|$ (図2).

解 答

(ア) 初項を a, 公差を d とすると,

$a_{10}=a+9d=37$ ……① $a_{20}=a+19d=-33$ ……②

②−①より, $10d=-70$ ∴ $d=-7$. ①より, $a_1=a=37-9d=\mathbf{100}$

一般項は, $a_n=100+(n-1)\cdot(-7)=107-7n$

$a_n<0$ は, $107-7n<0$ ∴ $15.2\cdots<n$

負になる最初の項は**第16項**であり, それ以降すべて負である. 第15項までは加えるごとに増加するので和を最大にする n は, $n=\mathbf{15}$ である.

⇦初項 a, 公差 d の等差数列の第 n 項は, $a_n=a+(n-1)d$

⇦$n\leqq 15$ のとき $a_n>0$
$n\geqq 16$ のとき $a_n<0$ なので,
$\cdots<S_{13}<S_{14}<S_{15}>S_{16}>S_{17}>\cdots$

(イ) 公差を d とすると, 第7項から第13項までの7項の和が7だから,

$\dfrac{a_7+a_{13}}{2}\cdot 7=7$ ∴ $a_7+a_{13}=2$ ∴ $(-35+6d)+(-35+12d)=2$

∴ $-70+18d=2$ ∴ $d=\mathbf{4}$

総和は, $S_n=\dfrac{a_1+a_n}{2}\cdot n=\dfrac{-35+\{-35+4(n-1)\}}{2}\cdot n=n(2n-37)$

右図より, 最小値の候補は

$|S_1|=|-35|=35$,

$|S_{18}|=|18\cdot(-1)|=18$

$|S_{19}|=|19\cdot 1|=19$

よって, $|S_n|$ は, $n=\mathbf{18}$ のとき, 最小値 **18** をとる.

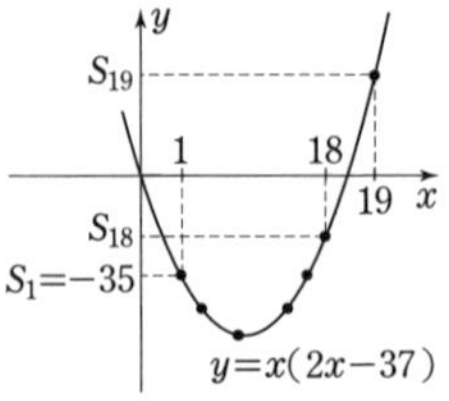

1 演習題 (解答は p.24)

初項が50, 公差が整数である等差数列の初めの n 項の和を S_n で表すとき, S_1, S_2, S_3, … の中で最大なものが S_{17} である. このとき, この等差数列の公差 d, 一般項 a_n, $\sum_{k=1}^{n} S_k$ を求めよ. (東海学園大)

$a_{17}>0$, $a_{18}<0$ となることと整数条件を用いる.

2 等比数列

（ア） a, b, c は相異なる実数で，$abc=-27$ を満たしている．さらに，a, b, c はこの順で等比数列であり，a, b, c の順序を適当に変えると等差数列になる．a, b, c を求めよ．（宮城教大）

（イ） 初項と第2項の和が135で，第4項と第5項の和が40である等比数列 $\{a_n\}$ の公比は ☐ である．ただし各項は実数とする．また，初項が84で，初項から第5項までの和が290である等差数列 $\{b_n\}$ の公差は ☐ である．これら2つの数列 $\{a_n\}$, $\{b_n\}$ に関して，$a_n>b_n$ が成り立つ最小の n の値は ☐ である．（東京工科大・メディア）

3項が等差数列，等比数列になる条件 a, b, c がこの順に等差数列であるとき $a+c=2b$，また，x, y, z がこの順に等比数列であるとき，$xz=y^2$ が成り立つ（$b-a=c-b$； $x:y=y:z$ より分かる）．

等差数列・等比数列の大小 $\{a_n\}$ が等差数列，$\{b_n\}$ が等比数列（公比は正）のとき，$(n,\ a_n)$ は直線上，$(n,\ b_n)$ は指数関数のグラフ（下に凸）上に乗る．等差数列，等比数列の各項の大小はグラフを描くと様子がはっきり分かる．（右図のように，2交点の間では，等差＞等比）

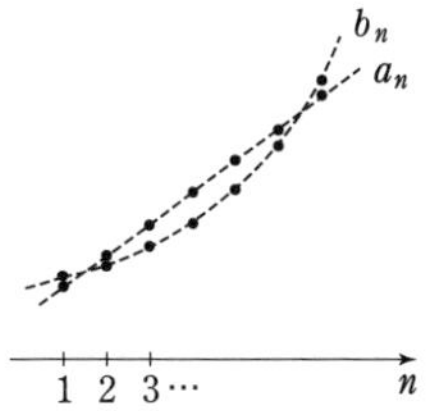

解 答

（ア） a, b, c はこの順で等比数列だから，$ac=b^2$

これと $abc=-27$ より，$b^3=-27$ ∴ $b=-3$ ∴ $ac=9$

c を a で表して，$(a,\ b,\ c)=(a,\ -3,\ 9/a)$

以下，等差数列の条件を考える．中央項がどれになるかで場合分けする．

⇦中央項が a, b, c で場合分け．

1° $-3+\dfrac{9}{a}=2a$ 2° $a+\dfrac{9}{a}=2\cdot(-3)$ 3° $a+(-3)=2\cdot\dfrac{9}{a}$

⇦1°は a が中央項で，$b+c=2a$ となる．2°は b が中央項，3°は c が中央項のとき．

1°のとき，$2a^2+3a-9=0$ ∴ $(a+3)(2a-3)=0$

$a\neq b$ より $a\neq -3$ だから，$a=3/2$ ∴ $c=6$

2°のとき，$a^2+6a+9=0$ ∴ $a=-3$ これは $a\neq b$ に反する．

3°のとき，$a^2-3a-18=0$ ∴ $(a+3)(a-6)=0$ ∴ $a=6$

⇦$a=6$ のとき，$c=9/6=3/2$

以上から，$(\boldsymbol{a},\ \boldsymbol{b},\ \boldsymbol{c})=(\mathbf{3/2},\ \mathbf{-3},\ \mathbf{6}),\ (\mathbf{6},\ \mathbf{-3},\ \mathbf{3/2})$

（イ） $\{a_n\}$ の初項を a，公比を r とおくと，$a_n=ar^{n-1}$

$$\left.\begin{array}{l}a_1+a_2=a+ar=a(1+r)=135\\ a_4+a_5=ar^3+ar^4=ar^3(1+r)=40\end{array}\right\} \text{より，} r^3=\frac{ar^3(1+r)}{a(1+r)}=\frac{40}{135}=\frac{8}{27}=\left(\frac{2}{3}\right)^3$$

よって，$r=\mathbf{\dfrac{2}{3}}$，$a=\dfrac{135}{1+r}=\dfrac{135}{5/3}=81$

［(イ)後半の方針］ $a_n>b_n$ は解ける不等式ではない．最小の n を求めたいので，$n=1, 2, \cdots$ から順に調べていくのが早い．なお，座標平面上に $(n,\ a_n)$，$(n,\ b_n)$ をプロットすると下図のようになる．

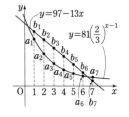

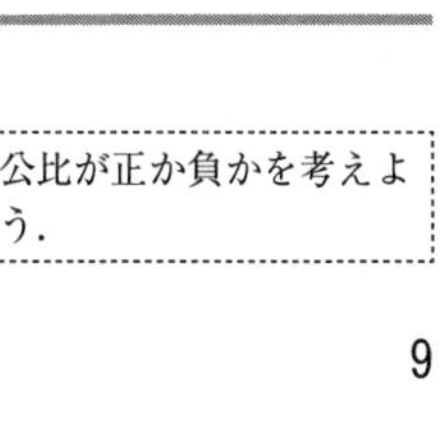

$\{b_n\}$ の公差を d とおく．$b_1\sim b_5$ の和$=\dfrac{b_1+b_5}{2}\cdot 5=\dfrac{84+(84+4d)}{2}\cdot 5$ が290

なので，$(84+2d)\cdot 5=290$ ∴ $42+d=29$ ∴ $d=\mathbf{-13}$

$a_n=81\cdot\left(\dfrac{2}{3}\right)^{n-1}$，$b_n=84-13(n-1)$

n	1	2	3	4	5	6	7
a_n	81	54	36	24	16	$\frac{32}{3}$	$\frac{64}{9}$
b_n	84	71	58	45	32	19	6

と表より $a_n>b_n$ となる最小の n は **7**.

2 演習題 （解答は p.24）

p, q を実数とし，$p<q$ とする．さらに，3つの数4，p, q をある順に並べると等比数列となり，ある順に並べると等差数列となるとする．このとき p, q の組 $(p,\ q)$ をすべて求めよ．（小樽商大）

公比が正か負かを考えよう．

3 等比数列の和

（ア）　等比数列 $\{a_n\}$ が，$a_1+a_2+a_3+\cdots+a_{10}=3069$，$a_1+a_3+a_5+a_7+a_9=1023$ を満たすとき，一般項 a_n を求めよ．（岡山理科大）

（イ）　$S(x)=1+a_1x+a_2x^2+\cdots+a_kx^k+\cdots+a_{n-1}x^{n-1}+a_nx^n$ とする．

（１）　$a_k=3^k$ のとき $S(x)$ を求めなさい．

（２）　$a_k=2k+1$，$x\neq 1$ のとき $S(x)$ を求めなさい．（明治学院大）

等比数列の１つおきの項　公比 r の等比数列から１つおきに取ってできる数列は，公比 r^2 の等比数列．

（等差数列）×（等比数列）の総和　これを求めるには，総和を S，公比を r とおいて $S-rS$ を考えるのが定石．等比数列の和に帰着できる．

解答

（ア）　等比数列 $\{a_n\}$ の初項を a，公比を r とする．$r=1$ とすると，$\{a_n\}$ は各項が a の定数数列となるが，$(a=)3069\div 10\neq 1023\div 5$ となり不適である．よって $r\neq 1$ である．このとき，

$$a_1+a_2+\cdots+a_{10}=3069 \qquad \therefore\ a\cdot\frac{r^{10}-1}{r-1}=3069 \cdots\cdots ①$$

$$a_1+a_3+a_5+a_7+a_9=1023 \qquad \therefore\ a\cdot\frac{(r^2)^5-1}{r^2-1}=1023 \cdots\cdots ②$$

⇦a_1，a_3，a_5，a_7，a_9 は初項 a，公比 r^2 の等比数列．

①÷②より，$\dfrac{r^2-1}{r-1}=\dfrac{3069}{1023}$ 　$\therefore\ r+1=3$ 　$\therefore\ r=2$

⇦①，②の分子はともに $r^{10}-1$

①に代入して，$a\cdot 1023=3069$ 　$\therefore\ a=3$ 　よって，$\boldsymbol{a_n=3\cdot 2^{n-1}}$

（イ）　以下，$S(x)$ を単に S と書くことにする．

（１）　$S=1+3x+3^2x^2+\cdots+3^{n-1}x^{n-1}+3^nx^n$

$=1+3x+(3x)^2+\cdots+(3x)^{n-1}+(3x)^n$

⇦初項１，公比 $3x$ の等比数列の第 $(n+1)$ 項までの和．

$3x=1$ と $3x\neq 1$ で場合分けして，

$\boldsymbol{x=\frac{1}{3}}$ **のとき**，$S=1+1+\cdots+1=\boldsymbol{n+1}$，$\boldsymbol{x\neq\frac{1}{3}}$ **のとき**，$S=\boldsymbol{\dfrac{1-(3x)^{n+1}}{1-3x}}$

（２）　$S=1+3x+5x^2+\cdots+(2n+1)x^n$

S と xS の差をとる．

$$\begin{array}{rl} S= & 1+3x+5x^2+\cdots+(2n+1)x^n \\ -)\quad xS= & \quad\ x+3x^2+\cdots+(2n-1)x^n+(2n+1)x^{n+1} \\ \hline (1-x)S= & 1+\underline{2x+2x^2+\cdots+2x^n}-(2n+1)x^{n+1} \end{array}$$

$$=1+\frac{2x(1-x^n)}{1-x}-(2n+1)x^{n+1}$$

⇦——は，初項 $2x$，公比 x の等比数列の第 n 項までの和．

$$\therefore\ S=\boldsymbol{\frac{1+x-(2n+3)x^{n+1}+(2n+1)x^{n+2}}{(1-x)^2}}$$

3 演習題（解答は p.24）

n を正の整数，r を１でない実数とし，

$$S=\sum_{k=1}^{n}r^{k-1},\quad T=\sum_{k=1}^{n}kr^{k-1},\quad U=\sum_{k=1}^{n}k^2r^{k-1}$$

とする．S を r，n で，T を S，r，n で，U を S，T，r，n で表せ．（鹿児島大）

U も T のときをまねてみる．

4 総和／公式の活用，展開の活用

一般項が $a_n=2n-1$ で表される数列がある．このとき，$\sum_{k=1}^{10} a_k{}^2=$ [(1)] である．また，a_1 から a_{10} までの異なる 2 項の積 a_ia_j（ただし，$i<j$）のすべての和は [(2)] である．（芝浦工大）

展開の活用　① $(a+b+c)^2=a^2+b^2+c^2+2(ab+bc+ca)$

② $(a+b+c+d)^2=a^2+b^2+c^2+d^2+2(ab+ac+ad+bc+bd+cd)$

というように，①で，展開した式の ── 部には，a，b，c の 3 個から異なる 2 個を取ってできるすべての種類の積が出てくる．②で，展開した式の ── 部には，a，b，c，d の 4 個から異なる 2 個を取ってできるすべての種類の積が出てくる．

$(a_1+a_2+\cdots+a_n)^2$ の展開を考えると，ここには，a_1，a_2，a_3，…，a_n の中から異なる 2 個を取り出して作られる積，${}_nC_2$ 通りのすべてが出てくる．これを利用して総和を求める．

解 答

（1）$\sum_{k=1}^{10} a_k{}^2=\sum_{k=1}^{10}(2k-1)^2=\sum_{k=1}^{10}(4k^2-4k+1)=4\sum_{k=1}^{10}k^2-4\sum_{k=1}^{10}k+\sum_{k=1}^{10}1$

$=4\times\frac{1}{6}\cdot10\cdot11\cdot21-4\times\frac{1}{2}\cdot10\cdot11+10=1540-220+10=\mathbf{1330}$

⇦ $\sum_{k=1}^{10}1=\underbrace{1+\cdots+1}_{10コ}=10$

（2）求める和を S とすると，

$(a_1+a_2+\cdots+a_{10})^2=a_1{}^2+a_2{}^2+\cdots+a_{10}{}^2+2S$ ……①

左辺は，

$(a_1+a_2+\cdots+a_{10})^2=\left(\frac{a_1+a_{10}}{2}\cdot10\right)^2=\left(\frac{1+19}{2}\cdot10\right)^2=100^2$ ……②

⇦ $\{a_n\}$ は等差数列なので．

（1），①，②より，$100^2=1330+2S$　$\therefore$ $S=\mathbf{4335}$

【別解】（j を k に固定する）

j を k（$2\leqq k\leqq10$）に固定して，a_ia_j となる積の和を計算する．

$a_1a_k+a_2a_k+\cdots+a_{k-1}a_k$

$=(a_1+a_2+\cdots+a_{k-1})\cdot a_k=\left\{\frac{a_1+a_{k-1}}{2}\cdot(k-1)\right\}a_k$

$=\frac{1+(2k-3)}{2}\cdot(k-1)\cdot(2k-1)=(k-1)^2(2k-1)$

⇦ a_1a_2+
$a_1a_3+a_2a_3+$
…………
$a_1a_k+a_2a_k+\cdots+a_{k-1}a_k+$　← まずココの和を計算した
…………
$a_1a_n+\cdots$　　$\cdots+a_{n-1}a_n$

次に，k を 2 から 10 まで動かして足す．求める和を S とすると，

$S=\sum_{k=2}^{10}(k-1)^2(2k-1)=\sum_{k=1}^{10}(k-1)^2(2k-1)=\sum_{k=1}^{10}(2k^3-5k^2+4k-1)$

⇦ $k=1$ のとき，$(k-1)^2(2k-1)$ は 0 なので，$k=1$ から足すことにする．公式が使えて，都合がよい．また，☞ p.32，ミニ講座．

$=2\times\frac{1}{4}\cdot10^2\cdot11^2-5\times\frac{1}{6}\cdot10\cdot11\cdot21+4\cdot\frac{10\cdot11}{2}-1\cdot10$

⇦ $\sum_{k=1}^{n}k^3=\frac{1}{4}n^2(n+1)^2$

$=6050-1925+220-10=\mathbf{4335}$

4 演習題 （解答は p.25）

n を 3 以上の整数として，$1\leqq j\leqq n$，$1\leqq k\leqq n$ を満たす整数 j，k の組 $(j,\ k)$ の全体（n^2 組ある）の集合を I とする．結果は，できる限り因数分解した形で記せ．

（1）組 $(j,\ k)$ が I 全体を動くとき，積 jk の総和を求めよ．

（2）組 $(j,\ k)$ が $j<k$ を満たして I の中を動くとき，積 jk の総和を求めよ．

（3）組 $(j,\ k)$ が $j<k-1$ を満たして I の中を動くとき，積 jk の総和を求めよ．

（日本医大）

展開式を利用して，（1）を求め，そこからいらないものを引いていく．

5 総和／差の形にして和を求める

（ア）　$\dfrac{1}{1\cdot 3}+\dfrac{1}{2\cdot 4}+\dfrac{1}{3\cdot 5}+\cdots+\dfrac{1}{n(n+2)}=\boxed{}$　（高知工科大）

（イ）　$\displaystyle\sum_{k=1}^{n}\frac{5k+6}{k(k+1)(k+2)}=\frac{n(\boxed{}n+\boxed{})}{(n+1)(n+2)}$ である．　（星薬大）

数列の総和　数列 $\{a_n\}$ に対して，$a_n=b_n-b_{n+1}$ と"階差型"で表せる数列 $\{b_n\}$ があると，

$$\sum_{k=1}^{n}a_k=\sum_{k=1}^{n}(b_k-b_{k+1})=\sum_{k=1}^{n}b_k-\sum_{k=1}^{n}b_{k+1}=(b_1+b_2+\cdots+b_n)-(b_2+\cdots+b_n+b_{n+1})=b_1-b_{n+1}$$

と総和が計算できる．$a_n=b_n-b_{n+2}$ であれば，

$$\sum_{k=1}^{n}a_k=\sum_{k=1}^{n}(b_k-b_{k+2})=\sum_{k=1}^{n}b_k-\sum_{k=1}^{n}b_{k+2}=(b_1+b_2+b_3+\cdots+b_n)-(b_3+\cdots+b_n+b_{n+1}+b_{n+2})$$
$$=b_1+b_2-b_{n+1}-b_{n+2}$$

どこがキャンセルされるかに注意しよう．Σ計算がよく分からないときは，羅列して書くとよい．

解答

（ア）　$\dfrac{1}{k(k+2)}=\left(\dfrac{1}{k}-\dfrac{1}{k+2}\right)\times\dfrac{1}{2}$ であるから，

$\dfrac{1}{1\cdot 3}+\dfrac{1}{2\cdot 4}+\cdots+\dfrac{1}{n(n+2)}$

$=\dfrac{1}{2}\left(\dfrac{1}{1}-\dfrac{1}{3}\right)+\dfrac{1}{2}\left(\dfrac{1}{2}-\dfrac{1}{4}\right)+\cdots+\dfrac{1}{2}\left(\dfrac{1}{n}-\dfrac{1}{n+2}\right)$

$=\dfrac{1}{2}\left\{\left(1+\dfrac{1}{2}+\dfrac{1}{3}+\cdots+\dfrac{1}{n}\right)-\left(\dfrac{1}{3}+\cdots+\dfrac{1}{n}+\dfrac{1}{n+1}+\dfrac{1}{n+2}\right)\right\}$

$=\dfrac{1}{2}\left(1+\dfrac{1}{2}-\dfrac{1}{n+1}-\dfrac{1}{n+2}\right)=\boldsymbol{\dfrac{3}{4}-\dfrac{2n+3}{2(n+1)(n+2)}}$

⇦ $\dfrac{1}{k}-\dfrac{1}{k+2}$ を通分すると $\dfrac{(k+2)-k}{k(k+2)}=\dfrac{2}{k(k+2)}$ 左辺に合わせるために2分の1をかける．（イ）でも同様．

他に，

⇦ $\dfrac{3}{4}-\dfrac{1}{2(n+1)}-\dfrac{1}{2(n+2)}=\dfrac{n(3n+5)}{4(n+1)(n+2)}$ と表せる．

（イ）　$\dfrac{5k+6}{k(k+1)(k+2)}=\dfrac{5}{(k+1)(k+2)}+\dfrac{6}{k(k+1)(k+2)}$ ……………………①

ここで，$\dfrac{1}{(k+1)(k+2)}=\dfrac{1}{k+1}-\dfrac{1}{k+2}$，

$\dfrac{1}{k(k+1)(k+2)}=\left\{\dfrac{1}{k(k+1)}-\dfrac{1}{(k+1)(k+2)}\right\}\times\dfrac{1}{2}$

より，

$\displaystyle\sum_{k=1}^{n}①=5\sum_{k=1}^{n}\left(\frac{1}{k+1}-\frac{1}{k+2}\right)+\frac{6}{2}\sum_{k=1}^{n}\left\{\frac{1}{k(k+1)}-\frac{1}{(k+1)(k+2)}\right\}$

$=5\left(\dfrac{1}{2}-\dfrac{1}{n+2}\right)+3\left\{\dfrac{1}{1\cdot 2}-\dfrac{1}{(n+1)(n+2)}\right\}$

$=\dfrac{4(n+1)(n+2)-5(n+1)-3}{(n+1)(n+2)}=\boldsymbol{\dfrac{n(4n+7)}{(n+1)(n+2)}}$

5 演習題 （解答は p.26）

（1）　正の数からなる数列 $\{a_n\}$ に対し，$S_n=\displaystyle\sum_{k=1}^{n}a_k$，$T_n=\dfrac{a_{n+1}+a_{n+2}}{S_nS_{n+1}S_{n+2}}$ とする．

$\displaystyle\sum_{k=1}^{n}T_k$ を，S_1，S_2，S_{n+1}，S_{n+2} を用いて表せ．

（2）　$\displaystyle\sum_{k=1}^{n}\frac{1}{k^2(k+1)(k+2)^2}$ を n の式で表せ．　（佐賀大・農一後）

（1）　T_n を差の形で表してみよう．
（2）　（1）に帰着させる．

6 群数列

1から順に自然数 n を $2n$ 個ずつ並べた次の数列を考える.

$$1,\ 1,\ 2,\ 2,\ 2,\ 2,\ 3,\ 3,\ 3,\ 3,\ 3,\ 3,\ \cdots,\ \underbrace{n,\ n,\ \cdots,\ n}_{2n\text{ 個}},\ \cdots$$

（1） 第200項を求めよ.

（2） 初項から第200項までの和を求めよ.

（3） 初項から第 k 項までの和が5555以上になるような最小の k を求めよ.

（東京海洋大・海洋工）

群数列 数列 $\{a_n\}$ がいくつかのグループに分けられるとき，群数列という．問題を解くには,

1° $\{a_n\}$ の規則　　2° 群の分け方の規則　　3° 群の内部での規則

をとらえることが大切である.

第 n 番目のグループ（第 n 群）の最後の項は，数列を初めから数えて第何項なのか，どんな数が並ぶのかを考えると，問題が解きやすくなる.

解 答

$2m$ $(m=1,\ 2,\ \cdots)$ 個並んだ m をグループにして，第 m 群とする.

⇦第 m 群は m が $2m$ 個並んでいる.

$$\underbrace{1,\ 1}_{\text{第1群}},\ \underbrace{2,\ 2,\ 2,\ 2}_{\text{第2群}},\ \underbrace{3,\ 3,\ 3,\ 3,\ 3,\ 3}_{\text{第3群}},\ \cdots$$

（1） 第 n 群の最後は，最初の項から数えて，第

$$\sum_{m=1}^{n} 2m = 2\cdot\frac{1}{2}n(n+1) = n(n+1)\ (\text{項})\ \cdots\cdots ①$$

⇦ $\displaystyle\sum_{m=1}^{n} m = \frac{1}{2}n(n+1)$

$$13\cdot 14 = 182 < 200 < 14\cdot 15 = 210$$

より，第200項は第14群の項．答えは **14**.

⇦第182項は第13群の最後，第210項は第14群の最後．第200項が第 n 群にあるとすると，$(n-1)n < 200 \leqq n(n+1)$ を満たすが，n についての不等式を正確に解こうとすると泥沼にはまる．$(n-1)n \fallingdotseq n^2$ なので，$n^2 \fallingdotseq 200$ として n の見当（$14^2=196$）をつける.

（2） 第 m 群の項の和は $m\cdot 2m = 2m^2$ である.

第200項は，第14群の18（$=200-182$）番目であるから，求める和は,

$$\sum_{m=1}^{13} 2m^2 + 14\cdot 18 = 2\cdot\frac{13\cdot 14\cdot 27}{6} + 252 = 1638 + 252 = \mathbf{1890}$$

（3） 初項から第 n 群の最後の項までの和は，$\displaystyle\sum_{m=1}^{n} 2m^2 = \frac{1}{3}n(n+1)(2n+1)$

ここで，$\displaystyle\frac{19\cdot 20\cdot 39}{3} = 4940 < 5555 < \frac{20\cdot 21\cdot 41}{3} = 5740$

⇦ $\displaystyle\frac{1}{3}n(n+1)(2n+1) \fallingdotseq \frac{2}{3}n^3$ なので $\displaystyle\frac{2}{3}n^3 \fallingdotseq 5000$　∴ $n^3 \fallingdotseq 7500$ として見当（$20^3=8000$）をつける.

であるから，求める第 k 項は第20群にある.

$(5555-4940)\div 20 = 30.\cdots$ であるから，第 k 項は第20群の31番目である.

$$k = \sum_{m=1}^{19} 2m + 31 = \underline{19\cdot 20} + 31 = \mathbf{411}$$

⇦①を使った.

6 演習題（解答は p.26）

$1,\ 2,\ 2^2,\ 2^3,\ \cdots,\ 2^{k-1}$ $(k=1,\ 2,\ 3,\ \cdots)$ を順に並べて得られる次の数列 $\{a_n\}$ $(n=1,\ 2,\ 3,\ \cdots)$ を考える.

$$1,\ 1,\ 2,\ 1,\ 2,\ 2^2,\ 1,\ 2,\ 2^2,\ 2^3,\ 1,\ 2,\ 2^2,\ 2^3,\ 2^4,\ 1,\ 2,\ \cdots$$

（1） 第20項は $2^{\boxed{}}$，第100項は $2^{\boxed{}}$ である.

（2） 初項から第 n 項までの和を S_n とするとき，$S_n \leqq 250$ を満たす最大の n は $\boxed{}$ である.

（京都産大・生命／一部省略）

（1） 群に分ける
（2） まず第 m 群までの和を求めるところか.

◆7 数表

正方形の縦横をそれぞれ n 等分して，n^2 個の小正方形を作り，小正方形のそれぞれに 1 から n^2 までの数を右図のように順に記入してゆく．

1	4	9	16	…
2	3	8	15	…
5	6	7	14	…
10	11	12	13	…
…	…	…	…	…

$j \leqq n$，$k \leqq n$ として，次の［　　］にあてはまる数または式を答えよ．

（1） 1 番上の行の左から k 番目にある数は［ア］．

（2） 上から j 番目の行の左端にある数は［イ］．

（3） 上から j 番目の行の，左から k 番目にある数は，

$1 \leqq k \leqq$［ウ］のとき［エ］，［ウ］$< k \leqq n$ のとき［オ］．

（4） 上から j 番目の行の n 個の数の和から最上行の n 個の数の和を引くと，［カ］となる．

（京都薬大）

（キリのいい形で） 数を一定の規則によって並べたものを扱う問題は，キリのいい形に着目し，解決の糸口をつかもう．上の例で言えば，正方形に着目する．

解　答

j 番目の行の左側から k 番目にある数を $(j,\ k)$ とする．例えば，$(2,\ 3)=8$

（1） $(1,\ k)$ は図 1 の正方形に入っている最後の数で，ア$=(1,\ k)=\boldsymbol{k^2}$

（2） 1 つ手前は $(1,\ j-1)$ だから，イ$=(j,\ 1)=(1,\ j-1)+1=\boldsymbol{(j-1)^2+1}$

（3） 図 2，図 3 より，ウ$=\boldsymbol{j}$

図 2 より，$1 \leqq k \leqq j$ のとき，$(j,\ k)=(j,\ 1)+k-1=\boldsymbol{(j-1)^2+k}$（＝エ）

図 3 より，$j<k \leqq n$ のとき，$(j,\ k)=(1,\ k)-(j-1)=\boldsymbol{k^2-j+1}$（＝オ）

（4） ［引いてから和をとる方が少しラク］（1），（3）より，$(j,\ k)-(1,\ k)$ は，

（ⅰ） $1 \leqq k \leqq j$ のとき，エ－ア$=(j-1)^2+k-k^2$

（ⅱ） $j+1 \leqq k \leqq n$ のとき，オ－ア$=-j+1$

よって，求める「和の差」は，

$$\sum_{k=1}^{j}\{(j-1)^2+k-k^2\}+\sum_{k=j+1}^{n}(-j+1)\quad \left[\text{〰〰}=\overbrace{(-j+1)+\cdots+(-j+1)}^{n-j\text{ コ}}\right]$$

$$=j(j-1)^2-\sum_{k=1}^{j}k(k-1)+(n-j)(-j+1)\ \cdots\cdots ①$$

ここで（☞右下の傍注），$k(k-1)=\{(k+1)k(k-1)-k(k-1)(k-2)\}\div 3$

［$(k+1)-(k-2)=3$ に注意］より，$\displaystyle\sum_{k=1}^{j}k(k-1)=\frac{1}{3}(j+1)j(j-1)$ ………☆

$$①=j(j-1)^2-\frac{1}{3}(j+1)j(j-1)+(n-j)(-j+1)$$

$$=\boldsymbol{(1-j)n+\frac{1}{3}j(j-1)(2j-1)}$$

n が入っていない部分は $j(j-1)$ でくくれることに注意して計算

図 1

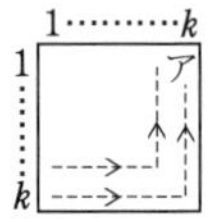

図 2

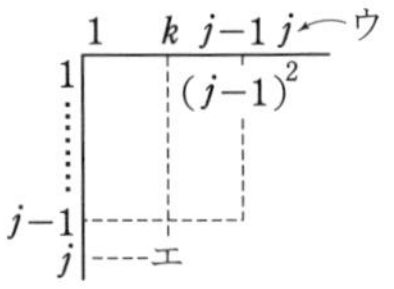

図 3

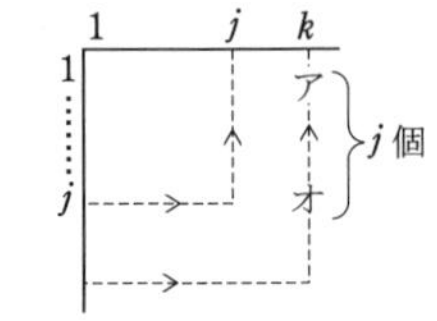

［☆について］

$a_k=k(k-1)$ に対して，$b_k=k(k-1)(k-2)\div 3$ と定めると，$a_k=b_{k+1}-b_k$ が成り立ち，○5 と同様に計算できる．

$\displaystyle\sum_{k=1}^{j}a_k=\sum_{k=1}^{j}(b_{k+1}-b_k)=b_{j+1}-b_1$

$=b_{j+1}$

◇7 演習題（解答は p.26）

3 で割って 1 余る数を 4 から始めて順番に右図のように上から並べていく．例えば 4 行目には，左から 22，25，28，31 の 4 つの数が並ぶことになる．このように数を並べていくとき，

（1） 10 行目の左から 4 番目の数を求めよ．

（2） 2020 は何行目の左から何番目の数かを求めよ．

（3） n 行目に並ぶ数の総和を求めよ．　（高知大・教）

4
7　10
13　16　19
22　25　28　31
●　●　●　●　●
⋮

第 k 行の右端の項は第何項？

8 漸化式／典型的なタイプに帰着

（ア） 数列 $\{a_n\}$ が $a_1=1$, $a_{n+1}=5-\dfrac{6}{a_n}$ $(n=1, 2, 3, \cdots)$ を満たす．$b_n=\dfrac{1}{a_n-3}$ とおくとき，b_{n+1} を b_n の式で表せ．ただし，$a_n \neq 3$ である．また，b_n, a_n を n の式で表せ． （東京電機大）

（イ） 数列 $\{a_n\}$ を $a_1=1$, $a_2=4$, $a_{n+2}-2a_{n+1}+a_n=2$ $(n=1, 2, 3, \cdots)$ によって定める．$b_n=a_{n+1}-a_n$ とおくとき，b_n を n の式で表せ．また，a_n を n の式で表せ． （埼玉工大・工）

$a_{n+1}=pa_n+q$ 型 $a_{n+1}=pa_n+q$ （p, q は定数で，$p \neq 0, 1$）……① に対して，$\alpha=p\alpha+q$ ……② を満たすように定数 α を定め，①−②より $a_{n+1}-\alpha=p(a_n-\alpha)$．これより $\{a_n-\alpha\}$ が公比 p の等比数列であることを用いて解く．

$a_{n+1}-a_n=f(n)$ 型 階差が分かっている数列の一般項は，階差を足し上げて求める．$n \geqq 2$ のとき，

$$a_n=a_1+(a_2-a_1)+(a_3-a_2)+\cdots+(a_n-a_{n-1})=a_1+f(1)+f(2)+\cdots+f(n-1)=a_1+\sum_{k=1}^{n-1}f(k)$$

上式は $n \geqq 2$ のとき通用する式で，$n=1$ のとき成り立つか否かは確認が必要．問題によっては，$a_n-a_{n-1}=g(n)$ が分かっている場合もあり，公式を丸暗記して適用するとミスしやすい．上式のシグマ記号の上下の数（初めと終わり）は，そのつど具体的に確認しよう．

解答

（ア） $a_{n+1}=5-\dfrac{6}{a_n}$ ……①，$b_n=\dfrac{1}{a_n-3}$ ……②

より，

$$b_{n+1}=\frac{1}{a_{n+1}-3}=\frac{1}{5-\dfrac{6}{a_n}-3}=\frac{a_n}{2a_n-6}=\frac{(a_n-3)+3}{2(a_n-3)}=\frac{1}{2}+\frac{3}{2(a_n-3)}$$

⇦分数式は分子を低次に．

$\therefore$ $\boldsymbol{b_{n+1}=\frac{1}{2}+\frac{3}{2}b_n}$ ……③ $\quad\therefore$ $b_{n+1}+1=\dfrac{3}{2}(b_n+1)$

$\therefore$ $b_n+1=\left(\dfrac{3}{2}\right)^{n-1}(b_1+1)$

⇦$\alpha=\dfrac{1}{2}+\dfrac{3}{2}\alpha$ …………④ を満たす α は -1．③−④より求める．

$b_1=\dfrac{1}{a_1-3}=\dfrac{1}{1-3}=-\dfrac{1}{2}$ より，$\boldsymbol{b_n=\frac{1}{2}\cdot\left(\frac{3}{2}\right)^{n-1}-1}$

②より，$\boldsymbol{a_n}=\dfrac{1}{b_n}+3=\dfrac{1}{\dfrac{1}{2}\cdot\left(\dfrac{3}{2}\right)^{n-1}-1}+3=\dfrac{2^n}{3^{n-1}-2^n}+3=\boldsymbol{\dfrac{3^n-2^{n+1}}{3^{n-1}-2^n}}$

⇦②より，$a_n-3=\dfrac{1}{b_n}$

（イ） $a_{n+2}-2a_{n+1}+a_n=(a_{n+2}-a_{n+1})-(a_{n+1}-a_n)=b_{n+1}-b_n$ が 2 なので，

$b_{n+1}-b_n=2$．また，$b_1=a_2-a_1=3$

よって，$\{b_n\}$ は初項 3，公差 2 の等差数列で，$\boldsymbol{b_n}=3+2(n-1)=\boldsymbol{2n+1}$

$n \geqq 2$ のとき，

$$a_n=a_1+(a_2-a_1)+(a_3-a_2)+\cdots+(a_n-a_{n-1})=a_1+b_1+b_2+\cdots+b_{n-1}$$

$$=a_1+\frac{b_1+b_{n-1}}{2}\cdot(n-1)=1+\frac{3+\{2(n-1)+1\}}{2}\cdot(n-1) \quad (n=1 \text{ でも OK})$$

⇦$\{b_n\}$ は等差数列．その和は，$\dfrac{(\text{初項})+(\text{末項})}{2}\cdot(\text{項数})$

よって，求める式は，$\boldsymbol{a_n}=1+(n+1)(n-1)=\boldsymbol{n^2}$ $(n=1, 2, 3, \cdots)$

8 演習題 （解答は p.27）

A 円をある年の初めに借り，その年の終わりから同額ずつ n 回で返済する．年利率を $r(>0)$ とし，1 年ごとの複利法とすると毎回の返済金額は □ 円である．預金など，1 年が経過するごとに利率 r で利息を元金に繰り入れることを複利法という． （芝浦工大）

残高についての漸化式を立てよう．

9 2項間漸化式／$a_{n+1}=pa_n+f(n)$

次の式で定められる数列の一般項 a_n を求めよ．

（1） $a_1=1$，$a_{n+1}=2a_n+3n-1$ $(n=1,\ 2,\ 3,\ \cdots)$　（高崎経済大－中／一部省略）

（2） $a_1=4$，$a_{n+1}=6a_n+2^{n+1}$ $(n=1,\ 2,\ 3,\ \cdots)$　（関東学院大／一部省略）

2項間漸化式の解き方　$a_{n+1}=pa_n+f(n)$ $(p\neq 0, 1$；$f(n)$ は n の式$)$ ……☆　型の漸化式を解くには，変形して $a_{n+1}+g(n+1)=p\{a_n+g(n)\}$ となるような $g(n)$ を見つけて，$\{a_n+g(n)\}$ が等比数列になることを用いればよい．

（ⅰ） $f(n)$ が n の多項式の場合，$g(n)$ も $f(n)$ と次数が等しい n の多項式である．$g(n)$ の係数を未知数とおいて，☆より係数を求めればよい．特に $f(n)$ が定数の場合は前頁で扱った．

（ⅱ） $f(n)=Aq^n$ $(q\neq p$，A は定数$)$ の場合，$g(n)=Bq^n$ として，☆が成り立つように定数 B を定めればよい．また，$a_{n+1}=pa_n+Aq^n$ の両辺を p^{n+1} で割って，$\dfrac{a_{n+1}}{p^{n+1}}=\dfrac{a_n}{p^n}+\dfrac{A}{p}\left(\dfrac{q}{p}\right)^n$．ここで，$b_n=\dfrac{a_n}{p^n}$ とおいて，$b_{n+1}=b_n+\dfrac{A}{p}\left(\dfrac{q}{p}\right)^n$ として階差型の解き方（前頁）に持ち込む手でもよい．

解答

（1） $a_{n+1}+A(n+1)+B=2(a_n+An+B)$ を満たす A，B を求める．

$a_{n+1}=2a_n+An+B-A$ と条件式を比べて，$A=3$，$B-A=-1$　$\therefore$　$B=2$

$a_{n+1}+3(n+1)+2=2(a_n+3n+2)$ より，$\{a_n+3n+2\}$ は公比2の等比数列．

よって，$a_n+3n+2=2^{n-1}(a_1+3+2)=6\cdot 2^{n-1}$　　$\therefore$　$\boldsymbol{a_n=3\cdot 2^n-3n-2}$

⇦左辺は $A(n+1)$ になることに注意．

（2） $a_{n+1}=6a_n+2^{n+1}$ を 6^{n+1} で割って，$\dfrac{a_{n+1}}{6^{n+1}}=\dfrac{a_n}{6^n}+\left(\dfrac{1}{3}\right)^{n+1}$

$b_n=\dfrac{a_n}{6^n}$ とおくと，$b_1=\dfrac{a_1}{6}=\dfrac{2}{3}$，$b_{n+1}=b_n+\left(\dfrac{1}{3}\right)^{n+1}$ となるので，$n\geqq 2$ のとき，

$$b_n=b_1+\sum_{k=1}^{n-1}(b_{k+1}-b_k)=\frac{2}{3}+\sum_{k=1}^{n-1}\left(\frac{1}{3}\right)^{k+1}=\frac{2}{3}+\left(\frac{1}{3}\right)^2\cdot\frac{1-\left(\frac{1}{3}\right)^{n-1}}{1-\frac{1}{3}}$$

$$=\frac{2}{3}+\frac{1}{6}\left\{1-\left(\frac{1}{3}\right)^{n-1}\right\}=\frac{5}{6}-\frac{1}{6}\left(\frac{1}{3}\right)^{n-1}$$　（$n=1$ のときもこれでよい）

よって，$a_n=6^nb_n=6^n\left\{\dfrac{5}{6}-\dfrac{1}{6}\left(\dfrac{1}{3}\right)^{n-1}\right\}=\boldsymbol{5\cdot 6^{n-1}-2^{n-1}}$

【(2)の別アプローチ】
$f(n)$ が Aq^n の形の場合は，両辺を q^{n+1} で割ると，典型的な2項間漸化式に帰着されることに着目．漸化式を 2^{n+1} で割って，

$$\frac{a_{n+1}}{2^{n+1}}=3\cdot\frac{a_n}{2^n}+1$$

$c_n=\dfrac{a_n}{2^n}$ とおくと，$c_{n+1}=3c_n+1$．これから解く．

【別解】（2） $a_{n+1}+A\cdot 2^{n+1}=6(a_n+A\cdot 2^n)$ を満たす A を求める．

$a_{n+1}=6a_n+6A\cdot 2^n-A\cdot 2^{n+1}=6a_n+2A\cdot 2^{n+1}$ と条件式を比べて，$A=\dfrac{1}{2}$．

$a_{n+1}+2^n=6(a_n+2^{n-1})$ より，$\{a_n+2^{n-1}\}$ は公比6の等比数列．

よって，$a_n+2^{n-1}=6^{n-1}(a_1+2^{1-1})=5\cdot 6^{n-1}$　　$\therefore$　$\boldsymbol{a_n=5\cdot 6^{n-1}-2^{n-1}}$

9 演習題（解答は p.27）

次の式で定められる数列の一般項 a_n を求めよ．

（1） $a_1=2$，$a_{n+1}=3a_n+2n^2-2n-1$ $(n\geqq 1)$　（岐阜大）

（2） $a_1=1$，$a_{n+1}-2a_n=n\cdot 2^{n+1}$ $(n\geqq 1)$　（日本獣医畜産大）

（3） $a_1=1$，$a_{n+1}=\dfrac{1}{2}a_n+\dfrac{n-1}{n(n+1)}$ $(n\geqq 1)$　（岐阜大・教－後）

（1），（3）
$a_{n+1}+f(n+1)$
$=k(a_n+f(n))$ となる
$f(n)$ を探す．
（2） 階差型に持ち込む．

◆10 和と一般項の関係，3項間漸化式

数列 $\{a_n\}$ が，$a_1=-1$，$2\sum_{k=1}^{n}a_k=3a_{n+1}-2a_n-1$（$n=1$，2，3，…）を満たすとき，

（1） a_2 を求めよ．

（2） $3a_{n+2}-7a_{n+1}+2a_n=0$ を示せ．

（3） a_n を求めよ．（山形大・工／一部省略）

$a_n=S_n-S_{n-1}$ S_n を含む漸化式は，「$a_n=S_n-S_{n-1}$ $(n\geqq 2)$」……☆ を用いて，$S_\square$ を消去し，$a_\square$ だけの漸化式に直す．☆は一般には $n\geqq 2$ のときのみに通用することに注意（$n=1$ とすると $n-1=0$ になってしまう！）．$n=1$ のときは，$a_1=S_1$ を用いる．

$a_{n+2}+pa_{n+1}+qa_n=0$ $a_{n+2}+pa_{n+1}+qa_n=0$ の一般項を求めるには，$x^2+px+q=0$ の解 α, β を用いる．解と係数の関係より，$p=-(\alpha+\beta)$，$q=\alpha\beta$．よって，$a_{n+2}-(\alpha+\beta)a_{n+1}+\alpha\beta a_n=0$．これを $a_{n+2}-\alpha a_{n+1}=\beta(a_{n+1}-\alpha a_n)$，$a_{n+2}-\beta a_{n+1}=\alpha(a_{n+1}-\beta a_n)$ と変形する．

$\alpha=\beta$ のときは，$a_{n+2}-\alpha a_{n+1}=\alpha(a_{n+1}-\alpha a_n)$ より，$a_{n+1}-\alpha a_n=\alpha^{n-1}(a_2-\alpha a_1)$ として，$a_{n+1}=\alpha a_n+s\alpha^{n-1}$ $(s=a_2-\alpha a_1)$．これを α^{n+1} で割り，$b_n=a_n/\alpha^n$ とおくと $\{b_n\}$ は等差数列になる．

解答

$S_n=\sum_{k=1}^{n}a_k$ とおくと，$2S_n=3a_{n+1}-2a_n-1$ ……①

（1） ①で $n=1$ とすると，$2S_1=3a_2-2a_1-1$

$S_1=a_1=-1$ だから，$-2=3a_2+2-1$ ∴ $\boldsymbol{a_2=-1}$

（2） ①の n を $n+1$ にすると，$2S_{n+1}=3a_{n+2}-2a_{n+1}-1$ ……②

②−①より，$2a_{n+1}=3a_{n+2}-3a_{n+1}-2a_{n+1}+2a_n$ ⇦ $S_{n+1}-S_n=a_{n+1}$

∴ $3a_{n+2}-7a_{n+1}+2a_n=0$

（3） （2）より，$a_{n+2}-\frac{7}{3}a_{n+1}+\frac{2}{3}a_n=0$ ……③ ⇦ $x^2-\frac{7}{3}x+\frac{2}{3}=0$ の解は $(x-2)\left(x-\frac{1}{3}\right)=0$ により，$x=2$，$\frac{1}{3}$

［右の傍注に注意し］ ③を変形して，

$a_{n+2}-2a_{n+1}=\frac{1}{3}(a_{n+1}-2a_n)$ ……④，$a_{n+2}-\frac{1}{3}a_{n+1}=2\left(a_{n+1}-\frac{1}{3}a_n\right)$ ……⑤

④より，$a_{n+1}-2a_n=\left(\frac{1}{3}\right)^{n-1}(a_2-2a_1)=\left(\frac{1}{3}\right)^{n-1}(-1+2)=\left(\frac{1}{3}\right)^{n-1}$ ……⑥ ⇦④より $\{a_{n+1}-2a_n\}$ は公比 $\frac{1}{3}$ の等比数列．

⑤より，$a_{n+1}-\frac{1}{3}a_n=2^{n-1}\left(a_2-\frac{1}{3}a_1\right)=2^{n-1}\left(-1+\frac{1}{3}\right)=\left(-\frac{2}{3}\right)\cdot 2^{n-1}$ ……⑦

よって，

$$a_n=\frac{3}{5}\times(⑦-⑥)=\frac{3}{5}\left\{\left(-\frac{2}{3}\right)\cdot 2^{n-1}-\left(\frac{1}{3}\right)^{n-1}\right\}=\boldsymbol{-\frac{1}{5}\left\{2^n+\left(\frac{1}{3}\right)^{n-2}\right\}}$$

○10 演習題（解答は p.28）

数列 $\{a_n\}$ は，$a_1=1$，$a_n=\frac{2S_n{}^2}{2S_n+1}$（$n=2$，3，4，…）を満たす．

ただし，$S_n=a_1+a_2+\cdots+a_n$ である．

（1） a_2 を求めよ．

（2） S_n を S_{n-1} を用いて表せ．

（3） S_n を求めよ．（芝浦工大）

（2） 前文に反し，☆から a_n を消去する．
（3） ○11 を参照．

◆11 漸化式／ノーヒントで

次で定義される数列 $\{a_n\}$ の一般項を求めよ．

（1） $a_1=\dfrac{1}{2}$，$a_{n+1}=\dfrac{a_n}{2a_n+3}$ $(n=1,\ 2,\ 3,\ \cdots)$　（摂南大・理工，農／一部省略）

（2） $a_1=2$，$na_{n+1}=(n+1)a_n+1$ $(n=1,\ 2,\ 3,\ \cdots)$　（北九州市大・国際環境工）

分数形 $a_{n+1}=\dfrac{pa_n+q}{ra_n+s}$ で $q=0$ とした $a_{n+1}=\dfrac{pa_n}{ra_n+s}$ の形のときは，逆数を取ると解決する．逆数を取って $b_n=\dfrac{1}{a_n}$ とおくと，$b_{n+1}=tb_n+u$ 型に帰着される．

na_{n+1}，$(n+1)a_n$ 例えば，左のような項があるときは，$n(n+1)$ で割るとよい．

予想して帰納法 解法を知らない漸化式では，初めの方の項を求め，そこから一般項が予想できればそれを帰納法で示すのも実戦的である．

解 答

（1） $a_1=\dfrac{1}{2}$，$a_{n+1}=\dfrac{a_n}{2a_n+3}$ ……………①

$a_n>0$ のとき，$a_{n+1}>0$ であり，$a_1=\dfrac{1}{2}$ なので，帰納的に $a_n>0$

①の逆数をとって

$$\frac{1}{a_{n+1}}=\frac{2a_n+3}{a_n}\qquad\therefore\quad \frac{1}{a_{n+1}}=\frac{3}{a_n}+2$$

$b_n=\dfrac{1}{a_n}$ とおくと，$b_{n+1}=3b_n+2$ ……② だから，

$$b_{n+1}+1=3(b_n+1)$$

$$\therefore\quad b_n+1=3^{n-1}(b_1+1)=3^{n-1}(2+1)=3^n$$

$$\therefore\quad b_n=3^n-1\qquad\therefore\quad \boldsymbol{a_n=\frac{1}{3^n-1}}$$

$\alpha=3\alpha+2$ ……………③ を満たす α は -1．

⇦②−③より変形する．

⇦$\{b_n+1\}$ は公比 3 の等比数列

⇦$b_1=\dfrac{1}{a_1}=2$

（2） $a_1=2$，$na_{n+1}=(n+1)a_n+1$ ……………④

④を $n(n+1)$ で割ると，$\dfrac{a_{n+1}}{n+1}=\dfrac{a_n}{n}+\dfrac{1}{n(n+1)}$

$b_n=\dfrac{a_n}{n}$ とおくと，$b_{n+1}=b_n+\dfrac{1}{n(n+1)}$　　$\therefore\quad b_{n+1}-b_n=\dfrac{1}{n(n+1)}$

よって，$n\geqq2$ のとき，

$$b_n=b_1+\sum_{k=1}^{n-1}(b_{k+1}-b_k)=2+\sum_{k=1}^{n-1}\frac{1}{k(k+1)}=2+\sum_{k=1}^{n-1}\left(\frac{1}{k}-\frac{1}{k+1}\right)$$

$$=2+\frac{1}{1}-\frac{1}{(n-1)+1}=3-\frac{1}{n}\quad(n=1 \text{ のときもこれでよい})$$

$$\therefore\quad \boldsymbol{a_n}=nb_n=\boldsymbol{3n-1}$$

階差型になる．

なお，$b_{n+1}+\dfrac{1}{n+1}=b_n+\dfrac{1}{n}$ より

⇦$\left\{b_n+\dfrac{1}{n}\right\}$ が定数数列としてもよい．

⇦$b_1=\dfrac{a_1}{1}=\dfrac{2}{1}=2$

○11 演習題（解答は p.28）

次で定義される数列 $\{a_n\}$ の一般項を求めよ．

（1） $a_1=8$，$a_n=\dfrac{a_{n-1}}{(n-1)a_{n-1}+1}$ $(n=2,\ 3,\ \cdots)$　（津田塾大・国際関係）

（2） $a_1=1$，$a_2=3$，$a_{n+2}a_n=2a_{n+1}{}^2$ $(n=1,\ 2,\ 3,\ \cdots)$　（東北大・文系／一部省略）

（1） 例題（1）に似ている．
（2） 積の関係を和の関係に直すには？

12 漸化式／誘導つき（置き換え）

数列 $\{a_n\}$，$\{b_n\}$ は，初項が $a_1=3$，$b_1=2$ であり，次の関係式を満たす．

$a_{n+1}=6a_n-b_n$，$b_{n+1}=2a_n+3b_n$ $(n=1,\ 2,\ 3,\ \cdots)$

（1） $a_{n+1}+\alpha b_{n+1}=\beta(a_n+\alpha b_n)$ $(n=1,\ 2,\ 3,\ \cdots)$ を満たす実数 α と β の組を2つ求めよ．

（2） 数列 $\{a_n\}$，$\{b_n\}$ の一般項を求めよ． （宮城大－後／一部追加）

数列の置き換え 数列を置き換えて，一般項の求めやすい形にする．等比数列に帰着できるような誘導がついていることが多い．典型題に慣れておこう．

連立漸化式 $a_{n+1}=pa_n+qb_n$ ……㋐，$b_{n+1}=qa_n+pb_n$ ……㋑ の形の連立漸化式はノーヒントで出題されることがある．これは，㋐＋㋑から $\{a_n+b_n\}$，㋐－㋑から $\{a_n-b_n\}$ が等比数列になり解決する．

解　答

（1） $a_{n+1}=6a_n-b_n$，$b_{n+1}=2a_n+3b_n$ より，

$$a_{n+1}+\alpha b_{n+1}=(6a_n-b_n)+\alpha(2a_n+3b_n)=(6+2\alpha)a_n+(-1+3\alpha)b_n$$

⇦一般に，このような連立漸化式は，これを満たす α，β を求めることで，一般項を求めることができる．

これが $\beta(a_n+\alpha b_n)$ に一致すればよいので，

$$6+2\alpha=\beta,\ -1+3\alpha=\alpha\beta$$

β を消去して，$-1+3\alpha=\alpha(6+2\alpha)$ $\therefore$ $2\alpha^2+3\alpha+1=0$ $\therefore$ $\alpha=-1,\ -\dfrac{1}{2}$ ⇦$(\alpha+1)(2\alpha+1)=0$

よって，$\boldsymbol{(\alpha,\ \beta)=(-1,\ 4),\ \left(-\frac{1}{2},\ 5\right)}$

（2） $(\alpha,\ \beta)=(-1,\ 4)$ のとき，

$$a_{n+1}-b_{n+1}=4(a_n-b_n)$$

よって，$\{a_n-b_n\}$ は公比4の等比数列である．初項は $a_1-b_1=1$ なので，

$$a_n-b_n=4^{n-1}\cdot1=4^{n-1} \quad \cdots\cdots①$$

$(\alpha,\ \beta)=\left(-\dfrac{1}{2},\ 5\right)$ のとき，

$$a_{n+1}-\frac{1}{2}b_{n+1}=5\left(a_n-\frac{1}{2}b_n\right)$$

よって，$\left\{a_n-\dfrac{1}{2}b_n\right\}$ は公比5の等比数列である．初項は $a_1-\dfrac{1}{2}b_1=2$ なので，

$$a_n-\frac{1}{2}b_n=5^{n-1}\cdot2=2\cdot5^{n-1} \quad \cdots\cdots②$$

②×2－① より，$\boldsymbol{a_n=4\cdot5^{n-1}-4^{n-1}}$

(②－①)×2 より，$\boldsymbol{b_n=4\cdot5^{n-1}-2\cdot4^{n-1}}$

12 演習題 （解答は p.28）

数列 $\{a_n\}$ を $a_1=2$，$a_{n+1}=\dfrac{4a_n+1}{2a_n+3}$ $(n=1,\ 2,\ 3,\ \cdots)$ で定める．

（1） 2つの実数 α と β に対して，$b_n=\dfrac{a_n+\beta}{a_n+\alpha}$ $(n=1,\ 2,\ 3,\ \cdots)$ とおく．$\{b_n\}$ が等比数列となるような α と β $(\alpha>\beta)$ を1組求めよ．

（2） 数列 $\{a_n\}$ の一般項 a_n を求めよ． （東北大・理－後）

b_{n+1} を変形していく．

13 奇偶で形が異なる漸化式

数列 $\{a_n\}$ を次の条件(ⅰ), (ⅱ)により定める.

(ⅰ) $a_1=1$ である.

(ⅱ) $n=1, 2, 3, \cdots$ に対し, n が奇数ならば $a_{n+1}=-a_n+1$, n が偶数ならば $a_{n+1}=-2a_n+3$ である.

さらに, 数列 $\{b_n\}$ を $b_n=a_{2n-1}$ により定め, 数列 $\{c_n\}$ を $c_n=a_{2n}$ により定める. 次の問いに答えよ.

(1) a_2, a_3, a_4, a_5 を求めよ.

(2) 数列 $\{b_n\}$, $\{c_n\}$ の一般項をそれぞれ求めよ.

(3) 自然数 m に対して, 数列 $\{a_n\}$ の初項から第 $(2m-1)$ 項までの和を T_m とする. T_m を m を用いて表せ.

(広島大・文系)

奇偶で形が異なる漸化式 n の奇偶で形が異なる漸化式は, $n=2k-1$, $n=2k$ とおいて, 奇数項 $(a_1, a_3, \cdots\cdots)$ どうしに成り立つ漸化式, つまり, a_{2k+1} を a_{2k-1} で表す式を立てて解き, もとの漸化式に戻って a_{2k} を求める.

解答

(1) $a_1=1$

n が奇数のとき, $a_{n+1}=-a_n+1$ ……①

n が偶数のとき, $a_{n+1}=-2a_n+3$ ……②

①で $n=1$ として, $\boldsymbol{a_2}=-a_1+1=\mathbf{0}$, ②で $n=2$ として, $\boldsymbol{a_3}=-2a_2+3=\mathbf{3}$

①で $n=3$ として, $\boldsymbol{a_4}=-a_3+1=\mathbf{-2}$, ②で $n=4$ として, $\boldsymbol{a_5}=-2a_4+3=\mathbf{7}$

(2) $b_n=a_{2n-1}$ より $b_{n+1}=a_{2n+1}$ であり, ②の n を $2n$ にして,

$$b_{n+1}=a_{2n+1}=-2a_{2n}+3 \quad \cdots\cdots ③$$

①の n を $2n-1$ にすると,

$$a_{2n}=-a_{2n-1}+1 \quad \cdots\cdots ④$$

なので, ③$=-2(-a_{2n-1}+1)+3=2a_{2n-1}+1$

$\therefore\ \underline{b_{n+1}=2b_n+1}$ $\quad\therefore\ b_{n+1}+1=2(b_n+1)$

⇦奇数項についての漸化式を立てて奇数項を求める. 偶数項は奇数項からすぐに分かるので, 偶数項についての漸化式は立てる必要はない.

$\therefore\ b_n+1=2^{n-1}(b_1+1)$

$b_1=a_1=1$ より, $\boldsymbol{b_n=2^n-1}$

④より, $c_n=a_{2n}=-a_{2n-1}+1=-b_n+1$

$\therefore\ \boldsymbol{c_n=-2^n+2}$

(3) ④より $a_{2n-1}+a_{2n}=1$ なので, $m\geqq 2$ のとき

$$T_m=\sum_{k=1}^{2m-1}a_k=\sum_{n=1}^{m-1}(a_{2n-1}+a_{2n})+a_{2m-1}=\sum_{n=1}^{m-1}1+b_m$$

$$=(m-1)+(2^m-1)=\boldsymbol{2^m+m-2}\ (m=1 \text{ のときも OK})$$

13 演習題 (解答は p.29)

次の漸化式によって定義される数列 $\{a_n\}$ $(n=1, 2, \cdots)$ について, 次の問いに答えよ.

$$a_1=4,\ a_{2n}=\frac{1}{4}a_{2n-1}+n^2,\ a_{2n+1}=4a_{2n}+4(n+1)$$

(1) a_2, a_3, a_4, a_5 を求めよ.

(2) a_{2n}, a_{2n+1} を n を用いて表せ.

(3) $\{a_n\}$ の項で 4 の倍数でないものは, n の値が小さいものから 4 項並べると, $a_\square$, $a_\square$, $a_\square$, $a_\square$ である.

(類 松山大・薬)

(2) 奇数番目の項だけに着目する.
(3) a_{2n+1} は漸化式から…….

14 不等式と漸化式

（1） $x>0$ のとき，不等式 $\frac{2}{3}\left(x+\frac{1}{x^2}\right)\geqq 2^{\frac{1}{3}}$ を示せ．また等号が成り立つのはどのようなときか．

（2） 数列 $\{a_n\}$ を，$a_1=2$，$a_{n+1}=\frac{2}{3}\left(a_n+\frac{1}{a_n{}^2}\right)$ $(n=1,\ 2,\ 3,\ \cdots)$ で定める．

（i） $n\geqq 1$ のとき，$a_n>a_{n+1}>2^{\frac{1}{3}}$ を示せ．

（ii） $n\geqq 2$ のとき，$a_{n+1}-\frac{2}{a_n{}^2}<\frac{2}{3}\left(a_n-\frac{2}{a_{n-1}{}^2}\right)$ を示せ．

（iii） $n\geqq 1$ のとき，$0<a_{n+1}-\frac{2}{a_n{}^2}\leqq\left(\frac{2}{3}\right)^{n-1}$ を示せ． （金沢大・文系）

$a_{n+1}<ka_n$ $k>0$，$a_n>0$ のとき，$a_{n+1}<ka_n$ をくり返し用いて，$a_n<k^{n-1}a_1$ を導くことができる．

不等式の証明 $A>B$ を示すには，$A-B>0$ を示すことを目標にするのが基本方針．

解答

（1） 与式の分母を払い，$2x^3-3\cdot2^{\frac{1}{3}}x^2+2\geqq 0$．これを示せばよい．

左辺を因数分解して，$\left(x-2^{\frac{1}{3}}\right)^2\left(2x+2^{\frac{1}{3}}\right)$ ……………………① ⇦$t=2^{\frac{1}{3}}$ とおくと，$2x^3-3tx^2+t^3=(x-t)^2(2x+t)$

$x>0$ のとき，①$\geqq 0$（等号は $\boldsymbol{x=2^{\frac{1}{3}}}$）であるから示された．

（2）（i） $a_1>2^{\frac{1}{3}}$ と（1）より，帰納的に $a_{n+1}=\frac{2}{3}\left(a_n+\frac{1}{a_n{}^2}\right)>2^{\frac{1}{3}}$ ⇦よって，$a_n>2^{\frac{1}{3}}$ $(n\geqq 1)$ が成り立つ．これを帰納法で示すと丁寧．

また，$a_n-a_{n+1}=a_n-\frac{2}{3}\left(a_n+\frac{1}{a_n{}^2}\right)=\frac{a_n{}^3-2}{3a_n{}^2}>0$ $\left(\because\ a_n>2^{\frac{1}{3}}\right)$

よって，$a_n>a_{n+1}>2^{\frac{1}{3}}$

（ii） $a_{n+1}-\frac{2}{a_n{}^2}=\frac{2}{3}\left(a_n+\frac{1}{a_n{}^2}\right)-\frac{2}{a_n{}^2}=\frac{2}{3}\left(a_n-\frac{2}{a_n{}^2}\right)<\frac{2}{3}\left(a_n-\frac{2}{a_{n-1}{}^2}\right)$ ⇦$0<a_n<a_{n-1}$ より，$a_n{}^2<a_{n-1}{}^2$ ∴ $-\frac{2}{a_n{}^2}<-\frac{2}{a_{n-1}{}^2}$

（iii） $a_{n+1}-\frac{2}{a_n{}^2}=\frac{2}{3}\left(a_n-\frac{2}{a_n{}^2}\right)=\frac{2}{3}\cdot\frac{a_n{}^3-2}{a_n{}^2}>0$ $\left(\because\ a_n>2^{\frac{1}{3}}\right)$

$n=1$ のとき 〰〰$=1$ で与式は成立する．$n\geqq 2$ のとき（ii）をくり返し用いて， ⇦$a_2-\frac{2}{a_1{}^2}=\frac{2}{3}\cdot\frac{a_1{}^3-2}{a_1{}^2}=\frac{2}{3}\cdot\frac{2^3-2}{2^2}=1$

$$a_{n+1}-\frac{2}{a_n{}^2}<\frac{2}{3}\left(a_n-\frac{2}{a_{n-1}{}^2}\right)<\frac{2}{3}\cdot\frac{2}{3}\left(a_{n-1}-\frac{2}{a_{n-2}{}^2}\right)=\left(\frac{2}{3}\right)^2\left(a_{n-1}-\frac{2}{a_{n-2}{}^2}\right)$$

$$<\cdots<\left(\frac{2}{3}\right)^{n-1}\left(a_2-\frac{2}{a_1{}^2}\right)=\left(\frac{2}{3}\right)^{n-1}\cdot 1=\left(\frac{2}{3}\right)^{n-1}$$ ⇦上式

14 演習題（解答は p.29）

関数 $f(x)=-\frac{1}{4}x^2+2x-1$ を用いて，数列 $\{a_n\}$ を次式で定義する．

$a_1=4$，$a_{n+1}=f(a_n)$ $(n=1,\ 2,\ 3,\ \cdots)$

（1） 曲線 $y=f(x)$ と直線 $y=x$ の交点を求めよ．

（2） $2<a_n\leqq 4$ $(n=1,\ 2,\ 3,\ \cdots)$ が成り立つことを示せ．

（3） $a_{n+1}<a_n$ $(n=1,\ 2,\ 3,\ \cdots)$ が成り立つことを示せ． （県立広島大－後）

交点の x 座標と a_n の差を追いかける

15 不等式と帰納法

n が 2 以上の自然数のとき，次の不等式が成り立つことを示せ．

$$\frac{1}{1^2}+\frac{1}{2^2}+\cdots+\frac{1}{n^2}<2-\frac{1}{n}$$

（東京歯大）

n の入った不等式　n の入った不等式を帰納法によって証明するには，$n=k$ のときの不等式と $n=k+1$ のときの不等式の形をよく見て，示すべき不等式が何かを捉えよう．この場合は左辺が和の形になっているので，両式の差に着目する．

解 答

$\frac{1}{1^2}+\frac{1}{2^2}+\cdots+\frac{1}{n^2}<2-\frac{1}{n}$ ……①　を n に関する数学的帰納法で証明する．

$n=2$ のとき，$\frac{1}{1^2}+\frac{1}{2^2}=\frac{5}{4}$，$2-\frac{1}{2}=\frac{3}{2}$ となるので，①は成り立つ．

$n=k\,(k\geqq 2)$ のとき，①が成り立つとすると，

$$\frac{1}{1^2}+\frac{1}{2^2}+\cdots+\frac{1}{k^2}<2-\frac{1}{k} \quad\cdots\cdots②$$

①で $n=k+1$ とした式

$$\frac{1}{1^2}+\frac{1}{2^2}+\cdots+\frac{1}{k^2}+\frac{1}{(k+1)^2}<2-\frac{1}{k+1} \quad\cdots\cdots③$$

を②から導けばよい．

ここで，②，③の左辺どうし，右辺どうしの差を不等号で結ぶと，

$$\frac{1}{(k+1)^2}<\left(2-\frac{1}{k+1}\right)-\left(2-\frac{1}{k}\right) \quad\cdots\cdots④$$

⇦ ③の左辺は，②の左辺に $\frac{1}{(k+1)^2}$ を足したものなので，②と③の差に着目する．

④が成り立つことが示せれば，②＋④から③を導くことができる．そこで，④を示すことを，目標にする．そのためには，(④の右辺)−(④の左辺)>0 を示せばよい．

⇦ $a<b$ かつ $c<d$ ⇨ $a+c<b+d$ という不等式の性質を用いている．

$$\left(2-\frac{1}{k+1}\right)-\left(2-\frac{1}{k}\right)-\frac{1}{(k+1)^2}=\frac{1}{k}-\frac{1}{k+1}-\frac{1}{(k+1)^2}$$

$$=\frac{(k+1)^2-k(k+1)-k}{k(k+1)^2}=\frac{1}{k(k+1)^2}>0$$

よって，①は数学的帰納法によって証明された．

⇨注　②の両辺に $\frac{1}{(k+1)^2}$ を加えると，

$$\frac{1}{1^2}+\frac{1}{2^2}+\cdots+\frac{1}{k^2}+\frac{1}{(k+1)^2}<2-\frac{1}{k}+\frac{1}{(k+1)^2}$$

これから，$2-\frac{1}{k}+\frac{1}{(k+1)^2}<2-\frac{1}{k+1}$ （$\Longleftrightarrow$ ④）を示せばよい，としてもよい．

15 演習題（解答は p.30）

n を正の整数とするとき，$3^n-1\geqq\frac{n}{2}(n+3)$ が成り立つことを証明しなさい．

（類　公立千歳科技大－中）

帰納法で証明する．

16 強い仮定の数学的帰納法

各項が正である数列 $\{a_n\}$ が，任意の自然数 n に対して $\left(\sum_{k=1}^{n} a_k\right)^2=\sum_{k=1}^{n} a_k^3$ を満たすとする．

（1） a_1，a_2，a_3 を求め，一般項 a_n を推定せよ．

（2） 数学的帰納法を用いて，（1）での推定が正しいことを証明せよ．　　（九州産大・情／改題）

仮定を強化する数学的帰納法　普通の帰納法は，「1° $n=1$ のとき O.K.　2° $n=k$ のとき O.K. ならば $n=k+1$ も O.K.」を示せばよかった．ところが，この問題では帰納法の仮定（〰〰部）を強化しておく必要がある．というのも，和を計算するには，$n=1, 2, 3, \cdots, k$ の場合を使うからである．このようなときは，次の 1°，2° を示すようにしよう．

1° $n=1$ のとき O.K.　　2° $n\leqq k$ のとき O.K. ならば $n=k+1$ も O.K.

1°，2° が示せれば，"すべての自然数 n について成り立つ" が言える．

<イメージの図>

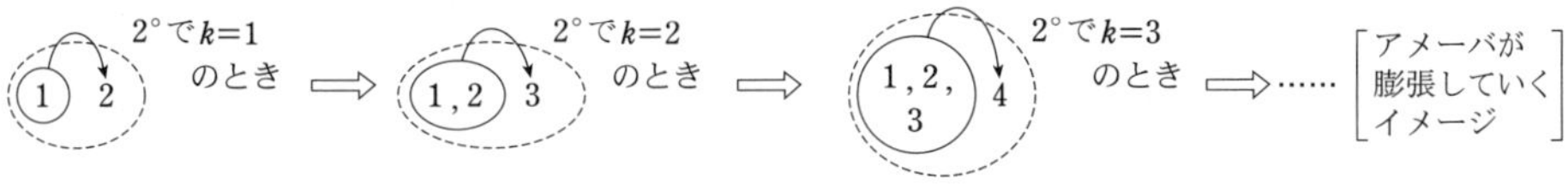

解答

（1） $a_1{}^2=a_1{}^3$，$a_1>0$ より，$\boldsymbol{a_1=1}$

すると，$(1+a_2)^2=1^3+a_2{}^3$ より，$a_2{}^3-a_2{}^2-2a_2=0$　　⇦ $(a_1+a_2)^2=a_1{}^3+a_2{}^3$

$\therefore\ a_2(a_2+1)(a_2-2)=0$　$a_2>0$ だから，$\boldsymbol{a_2=2}$

さらに，$(1+2+a_3)^2=1^3+2^3+a_3{}^3$ より，　　⇦ $(a_1+a_2+a_3)^2=a_1{}^3+a_2{}^3+a_3{}^3$

$a_3{}^3-a_3{}^2-6a_3=0$　　$\therefore\ a_3(a_3+2)(a_3-3)=0$

$a_3>0$ だから，$\boldsymbol{a_3=3}$．以上により，$\boldsymbol{a_n=n}$ ……①　と推定される．

（2） 1° $n=1$ のとき，$a_1=1$ より①は成り立っている．

2° $n\leqq k$ となるすべての n で①が成り立つ ……②　とすると，

$$(1+2+\cdots+k+a_{k+1})^2=1^3+2^3+\cdots+k^3+a_{k+1}{}^3 \quad\cdots\cdots③$$

⇦ $\sum_{i=1}^{k} i=\frac{1}{2}k(k+1)$　$\sum_{i=1}^{k} i^3=\left\{\frac{1}{2}k(k+1)\right\}^2$

$$\therefore\ \left\{\frac{1}{2}k(k+1)+a_{k+1}\right\}^2=\frac{1}{4}k^2(k+1)^2+a_{k+1}{}^3$$

$$\therefore\ \frac{1}{4}k^2(k+1)^2+k(k+1)a_{k+1}+a_{k+1}{}^2=\frac{1}{4}k^2(k+1)^2+a_{k+1}{}^3$$

$$\therefore\ a_{k+1}{}^3-a_{k+1}{}^2-k(k+1)a_{k+1}=0$$

$$\therefore\ a_{k+1}(a_{k+1}+k)\{a_{k+1}-(k+1)\}=0$$

$a_{k+1}>0$ だから，$a_{k+1}=k+1$ であり，$n=k+1$ のときも，①は成り立つ．

1°，2° により，すべての自然数 n に対して①が成り立つ．

➡**注**　②を単に「$n=k$ のとき成り立つ」とすることはできない．「$n=k$ のとき」としてしまうと，$a_k=k$ のみを仮定して，$a_{k-1}=k-1$，$a_{k-2}=k-2$，…　といった式は仮定していないことになり，③を作れないからである．

16 演習題（解答は p.30）

数列 $\{a_n\}$ は，$a_1=2$，$a_{n+1}=\frac{12}{n(3n+5)}\sum_{k=1}^{n}(k+1)a_k$ $(n=1, 2, 3, \cdots)$

を満たすとする．このとき次の問いに答えよ．

（1） a_2，a_3，a_4，a_5 を求めて，一般項 a_n を予想せよ．

（2） 上の予想が正しいことを数学的帰納法を用いて示せ．

（3） $\sum_{k=1}^{n}\frac{2^k a_k}{k}$ を求めよ．　　（関西学院大・理系）

$n\leqq k$ で正しいと仮定して帰納法．

数列 演習題の解答

1…B** **2**…B*** **3**…B**
4…B** **5**…B*** **6**…B**○
7…B**○ **8**…C*** **9**…B**○B*B**
10…B**○ **11**…B*○B**○ **12**…B***
13…B*** **14**…B*** **15**…B*
16…B**○

1 S_{17} が最大である条件を a_n の符号の条件に言い換える．公差 d は整数であることに注意．

解 $\{a_n\}$ は初項 50，公差 d である．S_{17} が最大なので，

$$a_{17}=50+16d>0,\ a_{18}=50+17d<0$$

これを解いて，$-\frac{50}{16}<d<-\frac{50}{17}$

d は整数なので，$\boldsymbol{d=-3}$

$$\therefore\ \boldsymbol{a_n}=50-3(n-1)=\boldsymbol{-3n+53}$$

$$S_k=\frac{a_1+a_k}{2}\cdot k=\frac{50+(-3k+53)}{2}\cdot k=\frac{103k-3k^2}{2}$$

$$\therefore\ \sum_{k=1}^{n}\boldsymbol{S_k}=\sum_{k=1}^{n}\frac{1}{2}(103k-3k^2)$$

$$=\frac{103}{2}\cdot\frac{1}{2}n(n+1)-\frac{3}{2}\cdot\frac{1}{6}n(n+1)(2n+1)$$

$$=\frac{1}{4}n(n+1)\{103-(2n+1)\}=\boldsymbol{-\frac{1}{2}n(n+1)(n-51)}$$

2 例題の前文のグラフを見ると，等比数列の公比が正の場合は，等差数列のグラフと等比数列のグラフは多くとも 2 点でしか交わらない．よって，公比が正である場合はありえず，公比は負である．公比が負のとき，3 項あるので少なくとも 1 つは負の項がある．$p<q$ なので，小さい方の p は負である．

解 $p<q$ により，等比数列の公比は 1 ではない．

初めに，公比が負であることを背理法で示す．

4, p, q を並べ替えて得られる a, b, c がこの順に等比数列になるとする．

公比が 1 でない正の数とすると，a, b, c は同符号である．a, b, c のうちの 1 つは 4 であるから，これらは正である．$a<b<c$ か $a>b>c$ の順になるから，この順に等差数列でもある．よって，

$$a+c=2b,\ ac=b^2$$

$$\therefore\ b=\frac{a+c}{2}\geqq\sqrt{ac}=b$$

等号が成立しているので，$a=c$ であるが，公比が 1 でないので矛盾．

よって，公比は負であり，3 項あるので，少なくとも 1 つの項は負である．$p<q$ より，p は負である．

次の 3 通りの場合が考えられる．

（ア）$p<0<q<4$
（イ）$p<0<4<q$
（ウ）$p<q<0<4$

（ア）のとき，等比数列（正，負，正）の中央の項は p であり，

$$p+4=2q,\ p^2=4q\quad\therefore\ p^2=2(p+4)$$

$$\therefore\ p^2-2p-8=0\quad\therefore\ (p-4)(p+2)=0$$

$p<0$ より，$p=-2$，$q=1$

（イ）のとき，等比数列（正，負，正）の中央の項は p であり，

$$p+q=2\cdot4,\ p^2=4q\quad\therefore\ p^2=4(8-p)$$

$$\therefore\ p^2+4p-32=0\quad\therefore\ (p+8)(p-4)=0$$

$p<0$ より，$p=-8$，$q=16$

（ウ）のとき，等比数列（負，正，負）の中央の項は 4 であり，

$$p+4=2q,\ 4^2=pq\quad\therefore\ 16=(2q-4)q$$

$$\therefore\ q^2-2q-8=0\quad\therefore\ (q+2)(q-4)=0$$

$q<0$ より，$q=-2$，$p=-8$

よって，

$$\boldsymbol{(p,\ q)=(-2,\ 1),\ (-8,\ 16),\ (-8,\ -2)}$$

⇨**注** 上の解答では，公比が負であることに着目して場合分けを減らした．これに気づかないときは，
（エ）$4<p<q$
（オ）$0<p<4<q$
（カ）$0<p<q<4$
の 3 つの場合をさらに調べればよい．（等比数列の条件から，$p\neq0$，$q\neq0$ である．）

3 U を求めるには，$U-rU$ を考える．一般に，$W=\sum_{k=1}^{n}\{(k\text{ の多項式})\times r^k\}$ の形の和は，$W-rW$ を考えることで求められる．$r\neq1$ より場合分け不要．

解 $\boldsymbol{S}=\sum_{k=1}^{n}r^{k-1}=1+r+r^2+\cdots+r^{n-1}=\boldsymbol{\frac{r^n-1}{r-1}}$

T と rT の差を考えて，

$$\begin{array}{rl} T= & 1+2r+3r^2+\cdots+\qquad nr^{n-1} \\ -)\ rT= & \quad\ r+2r^2+\cdots+(n-1)r^{n-1}+nr^n \\ \hline (1-r)T= & 1+r+r^2+\cdots+\qquad r^{n-1}-nr^n \end{array}$$

$$\therefore\quad \boldsymbol{T=\frac{S-nr^n}{1-r}}$$

U と rU の差を考えて,

$$\begin{array}{rl} U= & 1+2^2r+3^2r^2+\cdots+\qquad n^2r^{n-1} \\ -)\quad rU= & \qquad r+2^2r^2+\cdots+(n-1)^2r^{n-1}+n^2r^n \\ \hline (1-r)U= & 1+3r+5r^2+\cdots+(2n-1)r^{n-1}-n^2r^n \end{array}$$

$$=\sum_{k=1}^{n}(2k-1)r^{k-1}-n^2r^n$$

$$=2\sum_{k=1}^{n}kr^{k-1}-\sum_{k=1}^{n}r^{k-1}-n^2r^n$$

$$\therefore\quad \boldsymbol{U=\frac{2T-S-n^2r^n}{1-r}}$$

【研究】（数Ⅲ既習者向け）

$\sum_{k=1}^{n}kr^{k-1}$, $\sum_{k=1}^{n}k^2r^{k-1}$ を微分を用いて求めてみよう.

等比数列の和の式は, $r\neq1$ のとき,

$$\sum_{k=1}^{n}r^k=r\cdot\frac{r^n-1}{r-1}=\frac{r^{n+1}-r}{r-1}=(r^{n+1}-r)(r-1)^{-1}$$

両辺を r で微分すると,

$$\sum_{k=1}^{n}kr^{k-1}$$

$$=\{(n+1)r^n-1\}(r-1)^{-1}+(r^{n+1}-r)\{-(r-1)^{-2}\}\ \cdots\cdots①$$

$$=\frac{(n+1)r^n-1}{r-1}-\frac{r^{n+1}-r}{(r-1)^2}$$

①の両辺に r をかけて

$$\sum_{k=1}^{n}kr^k$$

$$=\{(n+1)r^{n+1}-r\}(r-1)^{-1}-(r^{n+2}-r^2)(r-1)^{-2}$$

両辺を r で微分すると,

$$\sum_{k=1}^{n}k^2r^{k-1}$$

$$=\{(n+1)^2r^n-1\}(r-1)^{-1}+\{(n+1)r^{n+1}-r\}\{-(r-1)^{-2}\}$$
$$-\{(n+2)r^{n+1}-2r\}(r-1)^{-2}-(r^{n+2}-r^2)\{-2(r-1)^{-3}\}$$

$$=\frac{(n+1)^2r^n-1}{r-1}+\frac{3r-(2n+3)r^{n+1}}{(r-1)^2}+\frac{2r^{n+2}-2r^2}{(r-1)^3}$$

4 $(1+2+\cdots+n)(1+2+\cdots+n)$ の展開を利用.

解 $I=\{(j,\ k)\mid 1\leqq j\leqq n,\ 1\leqq k\leqq n\}$

（1） $(1+2+\cdots+n)(1+2+\cdots+n)$ ……………①

について, 和を計算する前に展開すると, 組 $(j,\ k)$ が I 全体を動くときの jk が一度ずつ現れる. 求める和は

$$①=\left\{\frac{1}{2}n(n+1)\right\}^2=\boldsymbol{\frac{1}{4}n^2(n+1)^2}$$

（2） ①の展開には, j^2 と「jk, kj」$(j<k)$ の形の項があるので, 求める和を S とすると,

$$①=1^2+2^2+\cdots+n^2+2S$$

$$\therefore\quad S=\frac{1}{2}\{①-(1^2+2^2+\cdots+n^2)\}$$

$$=\frac{1}{2}\left\{\frac{1}{4}n^2(n+1)^2-\frac{1}{6}n(n+1)(2n+1)\right\}$$

$$=\frac{1}{24}n(n+1)\{3n(n+1)-2(2n+1)\}$$

$$=\frac{1}{24}n(n+1)(3n^2-n-2)$$

$$=\boldsymbol{\frac{1}{24}n(n+1)(n-1)(3n+2)}$$

（3） 求める和を T とする. T に $j=k-1$ となる積 jk を足せば S になるので,

$$T+\underset{\sim\sim\sim\sim\sim\sim\sim\sim\sim\sim}{1\cdot2+2\cdot3+\cdots+(n-1)\cdot n}=S\ \cdots\cdots\cdots\cdots\cdots②$$

ここで, 波線部の和は,

$$k(k+1)=\{\underline{k(k+1)}(k+2)-(k-1)\underline{k(k+1)}\}\div3$$

を用いて,

$$\sum_{k=1}^{n-1}k(k+1)$$

$$=\sum_{k=1}^{n-1}\frac{1}{3}\{k(k+1)(k+2)-(k-1)k(k+1)\}$$

$$=\frac{1}{3}(n-1)n(n+1)$$

よって, ②より,

$$T=S-\{1\cdot2+2\cdot3+\cdots+(n-1)n\}$$

$$=\frac{1}{24}n(n+1)(n-1)(3n+2)-\frac{1}{3}(n-1)n(n+1)$$

$$=\frac{1}{24}(n-1)n(n+1)\{(3n+2)-8\}$$

$$=\boldsymbol{\frac{1}{8}(n-2)(n-1)n(n+1)}$$

【補足】 j, k の一方をまず固定する方針だと次のようになる. ここでは, まず k を固定する.

（1） $$\sum_{k=1}^{n}\left(\sum_{j=1}^{n}jk\right)=\sum_{k=1}^{n}\left(k\sum_{j=1}^{n}j\right)=\sum_{k=1}^{n}\left\{k\cdot\frac{1}{2}n(n+1)\right\}$$

$$=\frac{1}{2}n(n+1)\sum_{k=1}^{n}k=\frac{1}{2}n(n+1)\cdot\frac{1}{2}n(n+1)$$

$$=\boldsymbol{\frac{1}{4}n^2(n+1)^2}$$

（2） $$\sum_{k=2}^{n}\left(\sum_{j=1}^{k-1}jk\right)=\sum_{k=2}^{n}\left(k\sum_{j=1}^{k-1}j\right)$$

$$=\sum_{k=2}^{n}\left\{k\cdot\frac{1}{2}(k-1)k\right\}=\frac{1}{2}\sum_{k=1}^{n}(k-1)k^2$$

$$=\frac{1}{2}\left(\sum_{k=1}^{n}k^3-\sum_{k=1}^{n}k^2\right)$$

$$=\frac{1}{2}\left\{\frac{n^2(n+1)^2}{4}-\frac{1}{6}n(n+1)(2n+1)\right\}$$

$$=\frac{1}{24}n(n+1)\{3n(n+1)-2(2n+1)\}$$

$$=\frac{1}{24}n(n+1)(3n^2-n-2)$$

$$=\boldsymbol{\frac{1}{24}n(n+1)(n-1)(3n+2)}$$

(3) $\displaystyle\sum_{k=3}^{n}\left(\sum_{j=1}^{k-2}jk\right)=\sum_{k=3}^{n}\left(k\sum_{j=1}^{k-2}j\right)$

$$=\sum_{k=3}^{n}\left\{k\cdot\frac{1}{2}(k-2)(k-1)\right\}$$

$$=\frac{1}{2}\sum_{k=3}^{n}(k-2)(k-1)k$$

$$=\frac{1}{2}\sum_{k=3}^{n}\{\underline{(k-2)(k-1)k}(k+1)-(k-3)\underline{(k-2)(k-1)k}\}\cdot\frac{1}{4}$$

$$=\frac{1}{2\cdot4}\{(n-2)(n-1)n(n+1)-0\cdot1\cdot2\cdot3\}$$

$$=\boldsymbol{\frac{1}{8}(n-2)(n-1)n(n+1)}$$

5 (1) 分母をS_nS_{n+1}, $S_{n+1}S_{n+2}$に分けたい. $a_{n+1}+a_{n+2}$を$S_{\square}$で表す.

(2) (1)を利用するにはS_nをどうおいたらよいか.

解 (1) $a_{n+1}+a_{n+2}=S_{n+2}-S_n$だから,

$$T_n=\frac{a_{n+1}+a_{n+2}}{S_nS_{n+1}S_{n+2}}=\frac{S_{n+2}-S_n}{S_nS_{n+1}S_{n+2}}\ \cdots\cdots\text{①}$$

$$=\frac{1}{S_nS_{n+1}}-\frac{1}{S_{n+1}S_{n+2}}$$

$$\sum_{k=1}^{n}T_k=\sum_{k=1}^{n}\left(\frac{1}{S_kS_{k+1}}-\frac{1}{S_{k+1}S_{k+2}}\right)=\boldsymbol{\frac{1}{S_1S_2}-\frac{1}{S_{n+1}S_{n+2}}}$$

(2) $S_n=n^2$のとき, ①より,

$$T_n=\frac{(n+2)^2-n^2}{n^2(n+1)^2(n+2)^2}=\frac{4n+4}{n^2(n+1)^2(n+2)^2}$$

$$\therefore\quad T_n=\frac{4}{n^2(n+1)(n+2)^2}$$

よって $\dfrac{1}{n^2(n+1)(n+2)^2}=\dfrac{1}{4}T_n$だから, (1)より,

$$\sum_{k=1}^{n}\frac{1}{k^2(k+1)(k+2)^2}=\frac{1}{4}\sum_{k=1}^{n}T_k$$

$$=\frac{1}{4}\left(\frac{1}{S_1S_2}-\frac{1}{S_{n+1}S_{n+2}}\right)$$

$$=\frac{1}{4}\left\{\frac{1}{1^2\cdot2^2}-\frac{1}{(n+1)^2(n+2)^2}\right\}$$

$$=\boldsymbol{\frac{1}{4}\left\{\frac{1}{4}-\frac{1}{(n+1)^2(n+2)^2}\right\}}$$

6 群数列の問題では, 各群の項数をもとに群の最後の項が元の数列の第何項かを考えるのが基本である.

(2) 群ごとに和をとり, まず第m群までの和を求める. 次に第m群までの和が250以下となるようなmを探そう.

解 $1\,|\,1,\ 2\,|\,1,\ 2,\ 2^2\,|\,1,\ 2,\ 2^2,\ 2^3\,|$
$1,\ 2,\ 2^2,\ 2^3,\ 2^4\,|\,1,\ 2,\ 2^2,\ 2^3,\ \underline{\underline{2^4}},\ 2^5\,|\cdots\cdots$

$1,\ 2,\ 2^2,\ 2^3,\ \cdots\cdots,\ 2^{k-1}$を1つの群(第$k$群)として, $\{a_n\}$を群にわける.

(1) 上の二重線が第20項だから, $a_{20}=2^4$.

次にa_{100}を考える. 第k群の項数はkだから, 第m群の最後の項は元の数列の第$1+2+\cdots+m=\dfrac{m(m+1)}{2}$項. よって, a_{100}が第m群にあるとすると,

$$\frac{(m-1)m}{2}<100\leqq\frac{m(m+1)}{2}$$

$$\therefore\quad (m-1)m<200\leqq m(m+1)\ \cdots\cdots\cdots\cdots\text{①}$$

[$m(m\pm1)\fallingdotseq m^2$だから, $m^2\fallingdotseq200$となるmからアタリをつけて,] $13\cdot14=182$, $14\cdot15=210$より①を満たすmは14. また, $\dfrac{13\cdot14}{2}=91$よりa_{100}は第14群の$100-91=9$番目の項だから, $a_{100}=2^8$.

(2) 第k群のすべての項の和は,

$$1+2+2^2+\cdots+2^{k-1}=\frac{2^k-1}{2-1}=2^k-1$$

であるから, 第m群までのすべての項の和$S_{\frac{m(m+1)}{2}}$は,

$$\sum_{k=1}^{m}(2^k-1)=\frac{2(2^m-1)}{2-1}-m=2^{m+1}-2-m\ \cdots\cdots\text{②}$$

[②$\fallingdotseq2^{m+1}$だから, $2^{m+1}\fallingdotseq250$となるmからアタリをつけて,] $m=7$のとき ②$=2^8-2-7=256-9=247$だから, $S_{\frac{7\cdot8}{2}}=S_{28}=247$であり, $a_{29}=1$, $a_{30}=2$より$S_{30}=250$となる. これとS_nが単調増加であることから, 求めるnは**30**である.

7 三角形の右下の項に着目しよう. (2)はk行目の最後が2020に近いようなkの見当をつけよう.

解 (1) 数列4, 7, 10, 13, … のn番目をa_nとおくと, $a_n=3n+1$

k行目にはk個の数があるから, k行目の右端の数は, $\{a_n\}$の第

$$1+2+\cdots+k=\frac{1}{2}k(k+1)\ \cdots\cdots\text{①}\quad 項.$$

4			
7	10		
13	16	19	
22	25	28	31

よって, 9行目の右端は$\{a_n\}$の第$\dfrac{1}{2}\cdot9\cdot10=45$項だから, 10行目の左から4番目は$\{a_n\}$の第$45+4=49$項で, $a_{49}=3\cdot49+1=$**148**

（2） $3n+1=2020$ より $n=673$ だから，$2020=a_{673}$

[①≒673 より $k(k+1)≒1346$，$k^2≒1346$ と見当をつけ]

$\frac{1}{2}\cdot36\cdot37=666$ だから，36 行目の右端は a_{666} であり，

$673-666=7$ より，a_{673} は **37行目の左から 7 番目.**

（3） ①より $n-1$ 行目の右端は $\{a_n\}$ の第 $\frac{1}{2}(n-1)n$ 項だから，n 行目の左端は $\{a_n\}$ の第 $\frac{1}{2}(n-1)n+1$ 項で，$a_{\frac{1}{2}(n-1)n+1}=3\left\{\frac{1}{2}(n-1)n+1\right\}+1$

n 行目の右端は $a_{\frac{1}{2}n(n+1)}=3\cdot\frac{1}{2}n(n+1)+1$

$\{a_n\}$ は等差数列で，n 行目には n 項あるから，答えは

$$\frac{3\left\{\frac{1}{2}(n-1)n+1\right\}+1+3\cdot\frac{1}{2}n(n+1)+1}{2}\cdot n$$

$$=\boldsymbol{\frac{n(3n^2+5)}{2}}$$

8 a 円を年利率 r で 1 年間借りると，利息が ar で，残高は元金と利息を足して，$a(1+r)$ となる．返済があれば，ここから引く．

解 毎回の返済金額を x 円とし，k 回目の返済後の残高を a_k とすると，$a_0=A$

$$a_{k+1}=(1+r)a_k-x$$

$\left[\alpha=(1+r)\alpha-x \text{ より } \alpha=\frac{x}{r} \text{ であり}\right]$

$$a_{k+1}-\frac{x}{r}=(1+r)\left(a_k-\frac{x}{r}\right)$$

$$\therefore\ a_k-\frac{x}{r}=(1+r)^k\left(a_0-\frac{x}{r}\right)$$

$$\therefore\ a_k=(1+r)^k\left(A-\frac{x}{r}\right)+\frac{x}{r}$$

$a_n=0$ より，$0=(1+r)^n\left(A-\frac{x}{r}\right)+\frac{x}{r}$

$$\therefore\ \{(1+r)^n-1\}\frac{x}{r}=(1+r)^nA$$

$$\therefore\ x=\boldsymbol{\frac{r(1+r)^nA}{(1+r)^n-1}}$$

*　　　*

解答では漸化式を立てたが，次のように立式できる．

別解 毎回の返済額を x 円とし，$1+r=R$ とおく．

各年の返済後の残高は，

1 年目：$AR-x$

2 年目：$(AR-x)R-x$

3 年目：$((AR-x)R-x)R-x$

⋮

n 年目は

$(\cdots(((AR-x)R-x)R-x)\cdots)R-x$

[R，x は n 個ずつ]

$=AR^n-x(R^{n-1}+R^{n-2}+\cdots+R+1)$

$=AR^n-\frac{x(R^n-1)}{R-1}$

これが 0 になるので，

$$AR^n-\frac{x(R^n-1)}{R-1}=0$$

$$\therefore\ x=\frac{AR^n(R-1)}{R^n-1}=\boldsymbol{\frac{A(1+r)^nr}{(1+r)^n-1}}$$

9 （1）と（3）は，$a_{n+1}+f(n+1)=k(a_n+f(n))$ の形に変形するのがよいだろう．$f(n)$ について，（1）は n の 2 次式，（3）は分母が n の 1 次式で探せばよい．（2）は 2^{n+1} で割ると階差型に帰着される．

解 （1） $a_{n+1}+A(n+1)^2+B(n+1)+C$

$=3(a_n+An^2+Bn+C)$ ……………………①

が与式と一致するように，定数 A，B，C を定める．

①を変形して，

$a_{n+1}=3a_n+3An^2+3Bn+3C$

$\quad-A(n+1)^2-B(n+1)-C$

$=3a_n+2An^2+(2B-2A)n-A-B+2C$

与式 $a_{n+1}=3a_n+2n^2-2n-1$ と係数を比較して，

$2A=2$，$2B-2A=-2$，$-A-B+2C=-1$

これを解いて，$A=1$，$B=0$，$C=0$

よって，①は，

$$a_{n+1}+(n+1)^2=3(a_n+n^2)$$

これより，$\{a_n+n^2\}$ は等比数列で，公比 3，

初項 $a_1+1^2=2+1=3$ なので，一般項は，

$$a_n+n^2=3\cdot3^{n-1}=3^n$$

$$\therefore\ \boldsymbol{a_n=3^n-n^2}$$

（2） $a_{n+1}=2a_n+n\cdot2^{n+1}$ の両辺を 2^{n+1} で割ると，

$$\frac{a_{n+1}}{2^{n+1}}=\frac{a_n}{2^n}+n$$

$b_n=\frac{a_n}{2^n}$ とおくと $b_1=\frac{a_1}{2^1}=\frac{1}{2}$，$b_{n+1}=b_n+n$

であるから，$n\geqq2$ のとき，

$$b_n=b_1+\sum_{k=1}^{n-1}(b_{k+1}-b_k)=b_1+\sum_{k=1}^{n-1}k=\frac{1}{2}+\frac{1}{2}n(n-1)$$

よって $\boldsymbol{a_n=2^{n-1}(n^2-n+1)}$（$n=1$ でも正しい）

（３） $a_{n+1}+\dfrac{A}{n+1}=\dfrac{1}{2}\left(a_n+\dfrac{A}{n}\right)$ ……………………①

が与式と一致するように，定数 A を定める．

①を変形して，

$$a_{n+1}=\frac{1}{2}a_n+\frac{A}{2n}-\frac{A}{n+1}=\frac{1}{2}a_n+\frac{A(-n+1)}{2n(n+1)}$$

与式 $a_{n+1}=\dfrac{1}{2}a_n+\dfrac{n-1}{n(n+1)}$ と比較して，

$$-\frac{A}{2}=1 \qquad \therefore\ A=-2$$

よって，①は，$a_{n+1}-\dfrac{2}{n+1}=\dfrac{1}{2}\left(a_n-\dfrac{2}{n}\right)$

これより，$\left\{a_n-\dfrac{2}{n}\right\}$ は等比数列で，公比 $\dfrac{1}{2}$，初項 $a_1-\dfrac{2}{1}=1-2=-1$，一般項は，$a_n-\dfrac{2}{n}=-\left(\dfrac{1}{2}\right)^{n-1}$

$$\therefore\ \boldsymbol{a_n=\frac{2}{n}-\left(\frac{1}{2}\right)^{n-1}}$$

10 （３） 逆数をとるタイプ（○11を参照）．

解 $a_1=1$，$a_n=\dfrac{2S_n{}^2}{2S_n+1}$ $(n=2,\ 3,\ 4,\ \cdots)$ ………①

（１） ①で $n=2$ として，$a_2=\dfrac{2(a_1+a_2)^2}{2(a_1+a_2)+1}$

$a_2=x$ とおき，$a_1=1$ を代入して分母を払うと，

$$x(2x+3)=2(x+1)^2 \qquad \therefore\ -x=2$$

よって，$x=\boldsymbol{a_2=-2}$

（２） $a_n=S_n-S_{n-1}$ だから，$S_n-S_{n-1}=\dfrac{2S_n{}^2}{2S_n+1}$

$$\therefore\ (S_n-S_{n-1})(2S_n+1)=2S_n{}^2$$

$$\therefore\ S_n-2S_{n-1}S_n-S_{n-1}=0$$

よって，$(1-2S_{n-1})S_n=S_{n-1}$

$S_{n-1}=\dfrac{1}{2}$ は上式を満たさないから，$\boldsymbol{S_n=\dfrac{S_{n-1}}{1-2S_{n-1}}}$

（３） $S_1=1$ と（２）の漸化式より帰納的に $S_n\neq0$ である．（２）の漸化式の各辺の逆数をとって，

$$\frac{1}{S_n}=\frac{1-2S_{n-1}}{S_{n-1}} \qquad \therefore\ \frac{1}{S_n}=\frac{1}{S_{n-1}}-2$$

$\left\{\dfrac{1}{S_n}\right\}$ は初項 $\dfrac{1}{S_1}=\dfrac{1}{a_1}=1$，公差 -2 の等差数列だから，$\dfrac{1}{S_n}=1-2(n-1)=3-2n$ で，$\boldsymbol{S_n=\dfrac{1}{3-2n}}$

11 （１） 逆数をとるタイプ．

（２） 積に関する３項間漸化式であるが，log をとれば，見慣れた３項間漸化式に直せる．

解 （１） $a_1=8$，$a_n=\dfrac{a_{n-1}}{(n-1)a_{n-1}+1}$

$a_{n-1}>0$ のとき $a_n>0$ であり，$a_1=8$ なので，帰納的に $a_n>0$ である．上式の各辺の逆数をとると，

$$\frac{1}{a_n}=\frac{(n-1)a_{n-1}+1}{a_{n-1}}=\frac{1}{a_{n-1}}+n-1$$

$b_n=1/a_n$ とおくと，

$$b_n=b_{n-1}+n-1 \qquad \therefore\ b_{n+1}=b_n+n\ (n\geqq1)$$

よって，$n\geqq2$ のとき，

$$b_n=b_1+\sum_{k=1}^{n-1}(b_{k+1}-b_k)=b_1+\sum_{k=1}^{n-1}k$$

$$=b_1+\frac{1+n-1}{2}\times(n-1)\quad\left(\text{これは } n=1 \text{ でも成り立つ}\right)$$

$$=\frac{1+4(n^2-n)}{8}=\frac{(2n-1)^2}{8}$$

$$\therefore\ \boldsymbol{a_n=\frac{8}{(2n-1)^2}}$$

（２） $a_1=1$，$a_2=3$，$a_{n+2}a_n=2a_{n+1}{}^2$ ……………………①

$a_n>0$，$a_{n+1}>0$ のとき，$a_{n+2}>0$ であり，$a_1=1$，$a_2=3$ なので，帰納的に $a_n>0$

よって，$\log_2 a_n$ が考えられる．これを b_n とおくと，①より，

$$\log_2(a_{n+2}a_n)=\log_2(2a_{n+1}{}^2)$$

$$\therefore\ b_{n+2}+b_n=1+2b_{n+1}$$

$$\therefore\ b_{n+2}-2b_{n+1}+b_n=1$$

$$\therefore\ (b_{n+2}-b_{n+1})-(b_{n+1}-b_n)=1$$

$\{b_{n+1}-b_n\}$ は公差１の等差数列であるから，

$$\therefore\ b_{n+1}-b_n=b_2-b_1+n-1$$

$b_1=0$，$b_2=\log_2 3$ より，$n\geqq2$ のとき，

$$b_n=\sum_{k=1}^{n-1}(\log_2 3+k-1)$$

$$=(n-1)\log_2 3+\frac{(n-2)(n-1)}{2}$$

これは $n=1$ でも成り立つ．よって，

$$\boldsymbol{a_n}=2^{(n-1)\log_2 3}\cdot2^{\frac{(n-2)(n-1)}{2}}=\boldsymbol{2^{\frac{(n-2)(n-1)}{2}}\cdot3^{n-1}}$$

12 $b_{n+1}=\dfrac{a_{n+1}+\beta}{a_{n+1}+\alpha}$ の右辺を，$a_{n+1}=\dfrac{4a_n+1}{2a_n+3}$ を用いて変形して，$\dfrac{a_n+\beta}{a_n+\alpha}$ $(=b_n)$ の定数倍になるようにする．a_n，a_{n+1} を b_n，b_{n+1} で表してから，$a_{n+1}=\dfrac{4a_n+1}{2a_n+1}$ に代入するのは下手．

解 (1) $a_{n+1}=\dfrac{4a_n+1}{2a_n+3}$ ……①

$b_n=\dfrac{a_n+\beta}{a_n+\alpha}$ のとき，$b_{n+1}=\dfrac{a_{n+1}+\beta}{a_{n+1}+\alpha}$ に①を代入して

$$b_{n+1}=\frac{\dfrac{4a_n+1}{2a_n+3}+\beta}{\dfrac{4a_n+1}{2a_n+3}+\alpha}=\frac{4a_n+1+\beta(2a_n+3)}{4a_n+1+\alpha(2a_n+3)}$$

$$=\frac{(2\beta+4)a_n+3\beta+1}{(2\alpha+4)a_n+3\alpha+1}=\frac{2\beta+4}{2\alpha+4}\cdot\frac{a_n+\dfrac{3\beta+1}{2\beta+4}}{a_n+\dfrac{3\alpha+1}{2\alpha+4}} \quad \cdots\cdots②$$

これが，$\dfrac{a_n+\beta}{a_n+\alpha}\,(=b_n)$ ……③ の定数倍になればよい．

②の右側の分数と③が一致するように α，β を定める．

$$\frac{3\alpha+1}{2\alpha+4}=\alpha,\ \frac{3\beta+1}{2\beta+4}=\beta$$

であればよい．よって，α，β は $\dfrac{3x+1}{2x+4}=x$ の解で，分母を払うと，$3x+1=x(2x+4)$

$\therefore\ 2x^2+x-1=0 \qquad \therefore\ (x+1)(2x-1)=0$

$\alpha>\beta$ より，$\boldsymbol{\alpha=\dfrac{1}{2}}$，$\boldsymbol{\beta=-1}$ ……④

(2) ④より，$b_n=\dfrac{a_n-1}{a_n+\dfrac{1}{2}}$ $\qquad \therefore\ b_1=\dfrac{a_1-1}{a_1+\dfrac{1}{2}}=\dfrac{2}{5}$

また，②より，$\{b_n\}$ の公比は $\dfrac{2\beta+4}{2\alpha+4}=\dfrac{2}{5}$

よって $b_n=\left(\dfrac{2}{5}\right)^n$ だから，$\dfrac{a_n-1}{a_n+\dfrac{1}{2}}=\left(\dfrac{2}{5}\right)^n=\dfrac{2^n}{5^n}$

分母を払って，$5^n(a_n-1)=2^n\left(a_n+\dfrac{1}{2}\right)$

$\therefore\ (5^n-2^n)a_n=5^n+2^n\cdot\dfrac{1}{2} \qquad \therefore\ \boldsymbol{a_n=\dfrac{5^n+2^{n-1}}{5^n-2^n}}$

➡**注** 一般に，$a_{n+1}=\dfrac{ra_n+s}{pa_n+q}\ (ps-qr\neq 0)$ に対して，$x=\dfrac{rx+s}{px+q}$ が異なる2解 α'，β' を持つとき，$-\alpha'$ と $-\beta'$ が本問の α，β に相当するものである．

13 (2) a_{2n+1} を a_{2n-1} で表して，初めに a_{2n+1} を求めることにする．(3) $n(n+1)(n+2)$ が4の倍数となる条件を考える．合同式(☞本シリーズ「数A」p.73)が有効．4で割った余りで分類して調べればよい．

解 $a_{2n}=\dfrac{1}{4}a_{2n-1}+n^2$ ……①

$a_{2n+1}=4a_{2n}+4(n+1)$ ……②

(1) $a_1=4$ と①より，$\boldsymbol{a_2}=\dfrac{1}{4}\cdot4+1^2=\boldsymbol{2}$

これと②より，$\boldsymbol{a_3}=4\cdot2+4\cdot2=\boldsymbol{16}$

$\therefore\ \boldsymbol{a_4}=\dfrac{1}{4}\cdot16+2^2=\boldsymbol{8} \qquad \therefore\ \boldsymbol{a_5}=4\cdot8+4\cdot3=\boldsymbol{44}$

(2) ②に①を代入すると

$$a_{2n+1}=4\left(\frac{1}{4}a_{2n-1}+n^2\right)+4(n+1)$$
$$=a_{2n-1}+4(n^2+n+1)$$

よって，[階差型]

$$\boldsymbol{a_{2n+1}}=a_1+(a_3-a_1)+\cdots+(a_{2n+1}-a_{2n-1})$$
$$=a_1+\sum_{k=1}^{n}(a_{2k+1}-a_{2k-1})=4+\sum_{k=1}^{n}4(k^2+k+1)$$
$$=4+4\cdot\frac{1}{6}n(n+1)(2n+1)+4\cdot\frac{1}{2}n(n+1)+4n$$
$$=4(n+1)\left\{\frac{1}{6}n(2n+1)+\frac{1}{2}n+1\right\}$$
$$=\boldsymbol{\frac{4}{3}(n+1)(n^2+2n+3)}$$

②より

$$\boldsymbol{a_{2n}}=\frac{1}{4}\{a_{2n+1}-4(n+1)\}=\frac{1}{4}a_{2n+1}-(n+1)$$
$$=\frac{1}{3}(n+1)(n^2+2n+3-3)=\boldsymbol{\frac{1}{3}n(n+1)(n+2)}$$

(3) n，$n+1$，$n+2$ のうちに3の倍数があるので，$n(n+1)(n+2)$ は3で割り切れ，

$a_{2n}=\dfrac{1}{3}n(n+1)(n+2)$ は整数となる．

このとき②より，a_{2n+1} は4の倍数．a_1 も4の倍数．次に a_{2n} が4の倍数になる条件を調べる．

3と4は互いに素であるから，

a_{2n} が4の倍数 $\iff$ $n(n+1)(n+2)$ が4の倍数

ここで，整数 n に対して，$n\equiv0$，1，2，3 (mod 4) のいずれかである．これらのときを調べると，

$4\equiv0$ (mod 4)，$1\cdot2\cdot3=6\equiv2$ (mod 4) より，

$n\ \equiv$	0	1	2	3
$n(n+1)(n+2)\equiv$	0	2	0	0

よって，a_{2n} が4の倍数でないのは，

$n\equiv1$ (mod 4)，つまり，

n を4で割った余りが1のとき (1，5，9，13，…)

である．答えは，$\boldsymbol{a_2}$，$\boldsymbol{a_{10}}$，$\boldsymbol{a_{18}}$，$\boldsymbol{a_{26}}$．

14 (2)(3) (1)に注意して視覚的に捉えることもできるが (☞注)，ここでは式計算で示す．一般項を

求めることは困難なので，(2)は帰納法で，(3)は与不等式を a_n で表して証明しよう．

解 (1)　$-\dfrac{1}{4}x^2+2x-1=x$ より，

$x^2-4x+4=0$　∴　$(x-2)^2=0$　∴　**(2, 2)**

(2)　$a_1=4$ ………①，$a_{n+1}=-\dfrac{1}{4}a_n{}^2+2a_n-1$ ………②

$2<a_n\leqq 4$ ………③　が成り立つことを帰納法で示す．

①より，$n=1$ のとき③は成り立つ．

$n=k$ のとき成り立つとすると，$2<a_k\leqq 4$ …………④

$n=k+1$ のとき，②より，

$a_{k+1}-2=\left(-\dfrac{1}{4}a_k{}^2+2a_k-1\right)-2$

$=-\dfrac{1}{4}(a_k{}^2-8a_k+12)=-\dfrac{1}{4}(a_k-2)(a_k-6)$ ………⑤

④より，⑤>0 なので，$a_{k+1}-2>0$　∴　$2<a_{k+1}$

また，$4-a_{k+1}=4-\left(-\dfrac{1}{4}a_k{}^2+2a_k-1\right)$

$=\dfrac{1}{4}(a_k{}^2-8a_k+20)=\dfrac{1}{4}\{(a_k-4)^2+4\}>0$

∴　$2<a_{k+1}<4$

よって，$n=k+1$ のときも③が成り立つ．

以上から，③は示された．

(3)　$a_n-a_{n+1}=a_n-\left(-\dfrac{1}{4}a_n{}^2+2a_n-1\right)$

$=\dfrac{1}{4}(a_n{}^2-4a_n+4)=\dfrac{1}{4}(a_n-2)^2$ …………⑥

(2)より，$a_n\neq 2$ なので，⑥>0

∴　$a_{n+1}<a_n$

➡注　右図の矢印の順に a_2，a_3，a_4，… が決まっていくので，図からも(2)(3)がわかる．また，$\lim_{n\to\infty}a_n=2$ と思われるが，きちんと示すのは難問．

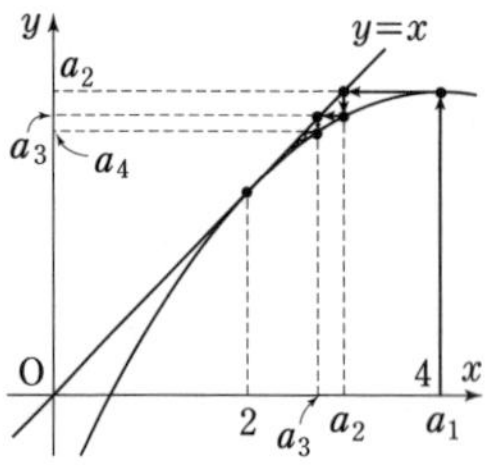

15　示すべき不等式の左辺を評価・変形して右辺を作ることよりも，(左辺)−(右辺)≧0 を示すことを目標に据えよう．

解　$3^n-1\geqq\dfrac{n}{2}(n+3)$ ……………………………①

が成り立つことを n に関する数学的帰納法で示す．

$n=1$ のとき，①の左辺は 2，右辺は 2 であるから，①は成り立つ．

$n=k$ ($k\geqq 1$) のとき，①が成り立つと仮定すると，

$3^k\geqq\dfrac{k}{2}(k+3)+1$ ……②　である．示すべきことは

$\underline{3^{k+1}-1-\dfrac{(k+1)(k+4)}{2}\geqq 0}$ ③

である．②より，

③$=3\cdot 3^k-1-\dfrac{(k+1)(k+4)}{2}$

$\geqq 3\left\{\dfrac{k}{2}(k+3)+1\right\}-1-\dfrac{(k+1)(k+4)}{2}$

$=k^2+2k\geqq 0$

であるから，$n=k+1$ でも①が成り立つ．

以上より，①が成り立つことが示された．

▨コメント　二項定理より，$n\geqq 2$ のとき，

$3^n=(1+2)^n\geqq 1+{}_nC_1\cdot 2^1+{}_nC_2\cdot 2^2$

$=1+2n+2n(n-1)$

$=2n^2+1$

となるので，$3^n-1\geqq 2n^2$ である．これは $n\geqq 1$ で成り立つ．さて，

$2n^2-\dfrac{n(n+3)}{2}=\dfrac{3n(n-1)}{2}\geqq 0$

であるから，$3^n-1\geqq\dfrac{n(n+3)}{2}$ が得られる．

16　(3)　Σ(等差)×(等比)の計算は，○3 参照．

解 (1)　$\boldsymbol{a_2}=\dfrac{12}{1\cdot 8}\cdot 2a_1=\dfrac{3}{2}\cdot 4=\mathbf{6}$

$\boldsymbol{a_3}=\dfrac{12}{2\cdot 11}(2a_1+3a_2)=\dfrac{6}{11}(4+18)=\dfrac{6}{11}\cdot 22=\mathbf{12}$

$\boldsymbol{a_4}=\dfrac{12}{3\cdot 14}(2a_1+3a_2+4a_3)=\dfrac{2}{7}(22+48)=\mathbf{20}$

$\boldsymbol{a_5}=\dfrac{12}{4\cdot 17}(2a_1+3a_2+4a_3+5a_4)=\mathbf{30}$

$a_2=2\cdot 3$，$a_3=3\cdot 4$，$a_4=4\cdot 5$，$a_5=5\cdot 6$ より

$\boldsymbol{a_n=n(n+1)}$ と予想できる．

(2)　$n=1$ のとき予想は正しい．

$n\leqq k$ ($k\geqq 1$) で正しいとすると，

$a_{k+1}=\dfrac{12}{k(3k+5)}\underset{\sim\sim\sim\sim\sim\sim\sim\sim\sim\sim}{\sum_{m=1}^{k}(m+1)m(m+1)}$

$12\times\sim\sim\sim=12\sum_{m=1}^{k}(m^3+2m^2+m)$

$=3k^2(k+1)^2+4k(k+1)(2k+1)+6k(k+1)$

$=k(k+1)\{3k(k+1)+4(2k+1)+6\}$

$=k(k+1)(3k^2+11k+10)$

$=k(k+1)(k+2)(3k+5)$

これより $a_{k+1}=(k+1)(k+2)$ となり，数学的帰納法により予想が正しいことが示された．

(3)　$\displaystyle\sum_{k=1}^{n}\frac{2^k a_k}{k}=\sum_{k=1}^{n}(k+1)2^k=S$ とおくと，

$$S=2\cdot 2^1+3\cdot 2^2+\cdots+n2^{n-1}+(n+1)2^n$$

$$2S=\qquad 2\cdot 2^2+\cdots+(n-1)2^{n-1}+n2^n+(n+1)2^{n+1}$$

であるから，

$$\begin{aligned}S&=2S-S\\&=-2\cdot 2^1-(2^2+\cdots+2^{n-1}+2^n)+(n+1)2^{n+1}\\&=(n+1)2^{n+1}-2^2\cdot\frac{2^{n-1}-1}{2-1}-4\\&=(n+1)2^{n+1}-(2^{n+1}-4)-4=\boldsymbol{n\cdot 2^{n+1}}\end{aligned}$$

⇒**注**　(1)　a_n がすぐ予想できなかったら階差をとってみよう．階差は初項 4，公差 2 の等差数列と容易に予想できる．

a_1	a_2	a_3	a_4	a_5
‖	‖	‖	‖	‖
2	6	12	20	30

階差：4　6　8　10

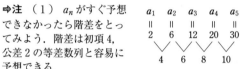

ミニ講座・1
Σの変数の置き換え

Σ計算のときの変数について講義していきます．
総和の公式は，

$$\sum_{k=1}^{n}k=\frac{1}{2}n(n+1),\ \sum_{k=1}^{n}k^2=\frac{1}{6}n(n+1)(2n+1)$$

とΣの中身の式が k を用いて書かれていることが多いでしょう．

$\sum_{k=1}^{n}k^2$ は，k に1から n までを代入したものの和を取りなさい，という意味でした．k に1から n までを代入したものを書き並べると，1^2，2^2，……，n^2 であり，$\sum_{k=1}^{n}k^2$ の記号ではこれらの和を表していたわけです．

この場合，k は代入するための文字ですから，他の文字でも構いません．例えば，公式は

$$\sum_{j=1}^{n}j=\frac{1}{2}n(n+1),\ \sum_{l=1}^{n}l^2=\frac{1}{6}n(n+1)(2n+1)$$

と書くこともできます．いずれにしろ，右辺にはシグマを計算するときに変数として用いた文字は残っていませんね．

この認識の上で，次の問題を解いてみましょう．

問題 1　$S=\sum_{k=1}^{n}k5^{k-1}$，$T=\sum_{k=1}^{n}k^2 5^{k-1}$ とおくとき，

$$\sum_{p=1}^{n}(p+1)^3 5^{p-1}-\sum_{q=1}^{n}q^3 5^{q-1}-\sum_{r=1}^{n}5^{r-1}$$

を S，T を用いて表せ．　（東京工科大，一部略）

与えられた式は，シグマの変数が p，q，r とバラバラです．Σの変数は何であってもよかったので，これを k にそろえましょう．

$$\sum_{p=1}^{n}(p+1)^3 5^{p-1}-\sum_{q=1}^{n}q^3 5^{q-1}-\sum_{r=1}^{n}5^{r-1}$$

$$=\sum_{k=1}^{n}(k+1)^3 5^{k-1}-\sum_{k=1}^{n}k^3 5^{k-1}-\sum_{k=1}^{n}5^{k-1}\ \cdots\cdots\cdots\cdots ①$$

ここでひと工夫してみましょう．Σ計算のときは，Σを分けて計算していくのが通常ですが，ここではΣをいったんまとめます．

$$①=\sum_{k=1}^{n}\{(k+1)^3 5^{k-1}-k^3 5^{k-1}-5^{k-1}\}$$

$$=\sum_{k=1}^{n}\{(k+1)^3-k^3-1\}5^{k-1}=\sum_{k=1}^{n}(3k^2+3k)5^{k-1}$$

$$=3\sum_{k=1}^{n}k^2 5^{k-1}+3\sum_{k=1}^{n}k5^{k-1}=\boldsymbol{3T+3S}$$

Σをひとつにまとめたところがうまかったですね．

$\sum_{k=1}^{n}(k+1)^3 5^{k-1}$ をそのまま計算しようとすると，$\sum_{k=1}^{n}k^3 5^{k-1}$ が残り，S と T だけでは書けなかったところです．文字を k に統一したことが功を奏した結果となりました．

上の問題は変数変換といっても，単なる文字の置き換えでした．次は，もう少し本格的な変数変換をしてみましょう．

問題 2　$\sum_{k=2}^{10}(k-1)^2(2k-1)$ を計算せよ．

（p.11 の別解の和）

k が2から始まっているところが口惜しいところです．1から始まっていれば公式が使えるのに…．

Σ計算を具体的に書き下してみましょう．

$$\sum_{k=2}^{10}(k-1)^2(2k-1)$$

$$=1^2\cdot3+2^2\cdot5+3^2\cdot7+\cdots\cdots+9^2\cdot19\ \cdots\cdots\cdots\cdots\cdots\cdots ②$$

こうしてみると2乗のところが1，2，…，9となっていますから，ここを変数とおくのが自然だと思われます．

$k-1=l$ とし，Σを書き直してみましょう．

$k=l+1$ ですから，Σの中身は l を用いて，

$(k-1)^2(2k-1)=(l+1-1)^2\{2(l+1)-1\}=l^2(2l+1)$

と表されます．これにつれて総和をとる範囲も変わってきます．

k が2～10のとき，$l(=k-1)$ は1～9です．

よって，求める総和は，

$$\sum_{k=2}^{10}(k-1)^2(2k-1)=\sum_{l=1}^{9}l^2(2l+1)$$

と l を用いて書き直すことができます．右辺を書き下すと②に等しくなることを，作業を通じて納得して欲しいと思います．以下答えは，

$$\sum_{l=1}^{9}l^2(2l+1)=\sum_{l=1}^{9}(2l^3+l^2)$$

$$=2\times\frac{1}{4}\cdot9^2\cdot10^2+\frac{1}{6}\cdot9\cdot10\cdot19=\mathbf{4335}$$

$(k-1)^2(2k-1)$ を展開した式よりも，l で書いた式の方が項が少なく，この点でも得をしました．

変数の置き換えをしたら，あとは機械的にΣが書き直せるようになるとΣ計算も習熟していきます．

統計的な推測

統計的な推測
要点の整理

の項目については，p.50「特別講座」も参照．

1．確率分布

1・1　確率変数と確率分布

試行の結果によってその値が定まる変数を確率変数という．例えば，1つのサイコロを投げるとき，出る目を X とすれば，X は確率変数である．

確率変数 X の取り得る値が x_1，x_2，……，x_n であるとき，$X=x_k$ となる確率を $P(X=x_k)$ と表す．

また，$a \leqq X \leqq b$ となる確率を $P(a \leqq X \leqq b)$ と表す．

$P(X=x_k)$ を p_k と書くことにすると，x_k と p_k の対応は右表のように表せる．

X	x_1	x_2	……	x_n	計
P	p_1	p_2	……	p_n	1

この対応関係を X の確率分布または単に分布といい，確率変数 X はこの分布に従うという．このとき，

$$p_1 \geqq 0,\ p_2 \geqq 0,\ \cdots\cdots,\ p_n \geqq 0$$

$$p_1+p_2+\cdots\cdots+p_n=1$$

1・2　確率変数の期待値

確率変数 X が上表に示された分布に従うとき，$x_1p_1+x_2p_2+\cdots\cdots+x_np_n$ を X の期待値または平均といい，$E(X)$ で表す．$E(X)=\sum_{k=1}^{n} x_kp_k$ である．

1・3　確率変数の分散と標準偏差

確率変数 X が上表に示された分布に従うとし，X の期待値を m とする，確率変数 $(X-m)^2$ の期待値 $E((X-m)^2)$ を，確率変数 X の分散といい，$V(X)$ で表す．$V(X)=\sum_{k=1}^{n}(x_k-m)^2p_k$ である．

$\sqrt{V(X)}$ を標準偏差といい，$\sigma(X)$ で表す．

1・4　分散の公式

$$V(X)=E(X^2)-\{E(X)\}^2$$

1・5　確率変数の変換#

確率変数 X が上表に示された分布に従うとする．

a，b を定数とし，X の1次式 $Y=aX+b$ で Y を定めると，Y もまた確率変数になる．このとき，

$$E(Y)=aE(X)+b$$

$$V(Y)=a^2V(X)$$

$$\sigma(Y)=|a|\sigma(X)$$

1・6　確率変数の和の期待値#

2つの確率変数 X，Y の和について，次式が成り立つ．

$$E(X+Y)=E(X)+E(Y)$$

1・7　確率変数の独立

2つの確率変数 X，Y について，X の取る任意の値 a と，Y の取る任意の値 b について

$$P(X=a,\ Y=b)=P(X=a)P(Y=b)$$

が成り立つとき，確率変数 X，Y は独立であるという．

1・8　独立な確率変数についての公式

確率変数 X，Y が独立であるとき，

$$E(XY)=E(X)E(Y)$$

$$V(X+Y)=V(X)+V(Y)$$

1・9　二項分布

試行Sにおいて，事象 A が起こる確率が p であるとする．このとき起こらない確率 q は $q=1-p$ である．

この試行を独立に n 回繰り返して行うとき（反復試行），事象 A が起こる回数を X とすると，

$$P(X=r)={}_n\mathrm{C}_rp^rq^{n-r}\quad (p+q=1)$$

よって，X の確率分布は下表のようになる．

X	0	1	……	r	……	n	計
P	q^n	npq^{n-1}	……	${}_n\mathrm{C}_rp^rq^{n-r}$	……	p^n	1

このような確率分布を二項分布といい，$B(n,\ p)$ で表す．

1・10　二項分布の平均と分散#

確率変数 X が二項分布 $B(n,\ p)$ に従うとき，

$$E(X)=np,\quad V(X)=np(1-p)$$

1・11　連続型確率変数，確率密度関数

実数のある区間全体に値を取る確率変数 X に対して，関数 $f(x)$ が次の性質をもつとする．

ｉ）常に $f(x) \geqq 0$

ii）$P(a \leqq X \leqq b)=\int_a^b f(x)\,dx$

（右図の網目部の面積）

iii）X の取る範囲が

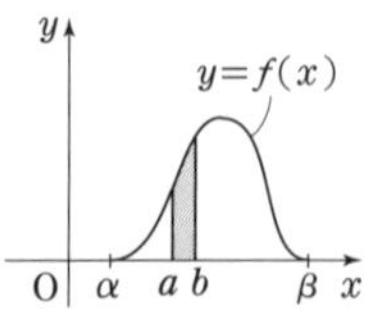

$\alpha \leqq x \leqq \beta$ のとき，$\int_{\alpha}^{\beta} f(x)\,dx=1$

このとき，X を連続型確率変数といい，関数 $f(x)$ を X の確率密度関数，$y=f(x)$ のグラフをその分布曲線という．

これに対し，とびとびの値を取る確率変数を離散型確率変数という．

1・12　連続型確率変数の期待値と分散

確率変数 X の取る値の範囲が $\alpha \leqq X \leqq \beta$ で，その確率密度関数が $f(x)$ のとき，

$E(X)=\int_{\alpha}^{\beta} xf(x)\,dx$，$V(x)=\int_{\alpha}^{\beta}(x-m)^2 f(x)\,dx$

（ただし，$m=E(X)$）

1・13　正規分布

連続型確率変数 X の確率密度関数 $f(x)$ が

$$f(x)=\frac{1}{\sqrt{2\pi}\,\sigma}e^{-\frac{(x-m)^2}{2\sigma^2}}$$

で与えられるとき，X は正規分布 $N(m,\ \sigma^2)$ に従うといい，曲線 $y=f(x)$ を正規分布曲線という．ここで，e は自然対数の底と呼ばれる無理数で，その値は 2.71828… である．この X について，次のことが知られている．

$$E(X)=m,\ \sigma(X)=\sigma$$

正規分布曲線は，次の性質をもつ．

i）直線 $x=m$ に関して対称で，$x=m$ で最大値をとる．

ii）x 軸を漸近線とする．

iii）曲線の山は，σ が大きくなるほど低くなって横に広がり，σ が小さくなるほど高くなって $x=m$ のまわりに集まる．

1・14　標準正規分布

平均 0，標準偏差 1 の正規分布 $N(0,\ 1)$ を標準正規分布という．

確率変数 X が正規分布 $N(m,\ \sigma^2)$ に従うとき，

$Z=\frac{X-m}{\sigma}$ とおくと，確率変数 Z は標準正規分布 $N(0,\ 1)$ に従うことが知られている．Z の確率密度関数は $f(z)=\frac{1}{\sqrt{2\pi}}e^{-\frac{z^2}{2}}$ となる．$P(0 \leqq Z \leqq z_0)$ を $p(z_0)$ で表すとき，$p(z_0)$ の値を表にまとめた正規分布表が，p.4 にある．

1・15　二項分布の正規分布による近似

二項分布 $B(n,\ p)$ に従う確率変数 X は，n が大きいとき，近似的に正規分布 $N(np,\ np(1-p))$ に従う．

2. 統計的な推測

2・1　標本調査と母集団

対象全体を全て調べる調査を全数調査，一部を抜き出して調べる調査を標本調査という．標本調査の場合，対象とする集団全体を母集団という．母集団から選び出した一部を標本といい，標本を選び出すことを抽出という．

母集団，標本の要素の個数を，それぞれ母集団の大きさ，標本の大きさという．

母集団の各要素を等確率で抽出する方法を無作為抽出といい，この抽出によって得られる標本を無作為標本という．

母集団から標本を抽出するのに，毎回もとに戻して1個ずつ取り出すことを復元抽出という．これに対してもとに戻さずに続けて抽出することを非復元抽出という．

2・2　母集団分布

大きさ N の母集団において，変量 x の取る異なる値を x_1，x_2，…，x_k とし，それぞれの要素の個数を f_1，f_2，…，f_k とする．母集団の各要素が抽出される確率は同じであるから，$P(X=x_i)=\frac{f_i}{N}$（$=p_i$ とおく）であり，X の確率分布は右表のようになる．この確率分布は母集団分布と呼ばれ，

X	x_1	x_2	……	x_k	計
P	p_1	p_2	……	p_k	1

母集団の分布の平均，標準偏差を，それぞれ母平均，母標準偏差という．

2・3　標本平均の期待値と標準偏差

母集団から大きさ n の標本を無作為に抽出し，変量 x について，その標本の n 個の x の値を X_1，X_2，…，

X_nとするとき，これらの平均

$\overline{X}=\dfrac{X_1+X_2+\cdots+X_n}{n}$ を標本平均という．標本平均 $\overline{X}$ は，抽出される標本によって変化する確率変数である．

X_1，X_2，…，X_nが復元抽出によって得られたものであれば，X_1，X_2，…，X_nは独立である．母集団の大きさが標本の大きさnに比べて十分大きいときは，非復元抽出であっても，X_1，X_2，…，X_nが独立であるとして扱ってよいことが知られている．

母平均m，母標準偏差σの母集団から大きさnの無作為標本を抽出するとき，標本平均$\overline{X}$の期待値と標準偏差は，

$$E(\overline{X})=m,\ \sigma(\overline{X})=\frac{\sigma}{\sqrt{n}}$$

2・4　標本平均の分布

母平均m，母標準偏差σの母集団から無作為抽出された大きさnの標本平均$\overline{X}$の分布は，nが大きいとき正規分布 $N\left(m,\ \dfrac{\sigma^2}{n}\right)$ とみなすことができる．

2・5　母平均の推定

2・4の$\overline{X}$に対して，$Z=\dfrac{\overline{X}-m}{\dfrac{\sigma}{\sqrt{n}}}$ の分布は，nが大きいとき$N(0,\ 1)$としてよい．正規分布表により$P(|Z|\leqq 1.96)\fallingdotseq 0.95$である．これから，次の区間

$$\left[\overline{X}-1.96\cdot\frac{\sigma}{\sqrt{n}},\ \overline{X}+1.96\cdot\frac{\sigma}{\sqrt{n}}\right]\cdots\cdots①$$

にmの値が含まれることが，約95%の確からしさで期待できることを示す式であることが導かれる．①を母平均mに対する信頼度95%の信頼区間という．

2・6　母比率の推定

母集団の中で，ある性質Aをもつ要素の割合をpとする．このpを，性質Aをもつ要素の母集団における母比率という．標本の中でこの性質Aをもつ要素の割合をp'とすると，標本の大きさnが大きいとき，母比率pに対する信頼度95%の信頼区間は

$$\left[p'-1.96\sqrt{\frac{p'(1-p')}{n}},\ p'+1.96\sqrt{\frac{p'(1-p')}{n}}\right]$$

2・7　仮説検定

ここでは，正規分布を利用する方法を説明しよう．

例えば，『硬貨を100回投げたとき，59回表が出た場合，その硬貨に歪があると判断できるか』という問題を考えてみよう．

“硬貨に歪がある”……①　という仮説が正しいかどうかを判断するために“硬貨に歪がない”という仮説を立てる．このような仮説を帰無仮説という．一方で，統計的に検証したい，これに対立する①のような仮説を対立仮説という．

帰無仮説と標本調査の結果から，帰無仮説が真といえるかどうかを判断することを，仮説検定または検定という．とくに帰無仮説を偽と判断することを，帰無仮説を棄却するという．

仮説検定では，起こる確率が5%以下なら，ほとんど起こらない事象と考えることが多いが，この基準となる確率αを有意水準または危険率という．

さて，上の『　』の問題の場合，この硬貨の表が出る確率をpとすると，

$$帰無仮説\cdots\ p=\frac{1}{2},\ 対立仮説\cdots\ p\neq\frac{1}{2}$$

である．

$p=\dfrac{1}{2}$ と仮定して，硬貨を100回投げたとき59回表が出る確率について考察しよう．

表が出る回数をXとすると，Xは二項分布 $B\left(100,\ \dfrac{1}{2}\right)$ に従う確率変数である．Xの平均mと標準偏差σは，$m=100\cdot\dfrac{1}{2}=50$，$\sigma=\sqrt{100\cdot\dfrac{1}{2}\cdot\dfrac{1}{2}}=5$ であるから，平均が50，標準偏差5の正規分布で近似できる．よって，$Z=\dfrac{X-50}{5}$ は近似的に標準正規分布$N(0,\ 1)$に従う．

$P(Z \geqq 0)=0.5$, $P(0 \leqq Z \leqq 1.96)=p(1.96)=0.4750$

であり，正規分布表から

$P(|Z| \geqq 1.96)$

$=2(0.5-p(1.96)) \fallingdotseq 0.05$

である．よって，

$|Z| \geqq 1.96$ ……②

となる確率が5%である．

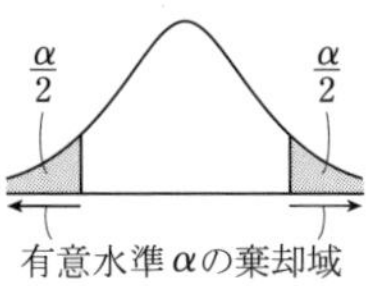

②や，②をXに書き直した範囲を有意水準5%の棄却域という．有意水準αのときも同様に定める．

一般に，標本から得られた確率変数の値が棄却域に入れば帰無仮説を棄却し，入らなければ棄却しない．

本問の場合，$X=59$のとき$Z=1.8$であり，②に入らないから，帰無仮説を棄却できない．

よって，

硬貨に歪があるとは判断できない

と結論する．

この硬貨の例では，帰無仮説に対し，表の出た回数が多過ぎても少な過ぎても仮説が棄却されるように，棄却域を両側にとる．このような検定を両側検定という．

これに対し，平均1000時間連続使用が可能な乾電池に改良を試みて，新しい乾電池を作り，無作為に400個抽出して測定したところ，平均1010時間連続使用が可能になり，標準偏差は100時間であったとき，連続使用可能な時間が伸びたと判断できるか，という問題を考える場合は，棄却域を片側にとる．このような検定を片側検定という．

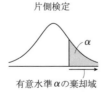

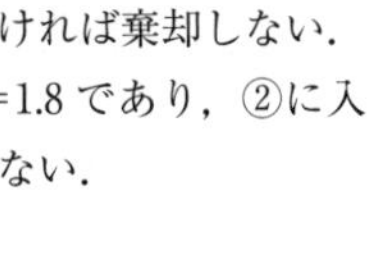

標本標準偏差100時間を母標準偏差と見なし，有意水準5%で検定してみよう．

連続使用可能な時間の平均をmとすると，

帰無仮説… $m=1000$，対立仮説… $m>1000$

である．

$m=1000$と仮定する．母標準偏差$\sigma=100$，標本の大きさ$n=400$により，標本平均$\overline{X}$の分布は

$N\left(1000,\ \dfrac{100^2}{400}\right)$と見なせる．

よって，$Z=\dfrac{\overline{X}-1000}{\dfrac{100}{\sqrt{400}}}=\dfrac{\overline{X}-1000}{5}$は近似的に

$N(0,\ 1)$に従う．

正規分布表から，

$$P(Z \geqq 1.64)=P(Z \geqq 0)-P(0 \leqq Z \leqq 1.64)$$
$$=0.5-p(1.64) \fallingdotseq 0.05$$

であるから，$Z \geqq 1.64$が有意水準5%の棄却域である．

$\overline{X}=1010$のとき，$Z=\dfrac{1010-1000}{5}=2$は$Z \geqq 1.64$に入るから，帰無仮説を棄却する．

よって，

連続使用可能な時間が伸びたと判断できる

と結論する．

◆1 確率分布／確率分布，期待値（平均），標準偏差

2個のサイコロを投げて，同じ目が出たときは $x=6$，異なる目が出たときは小さい方の目を x とする．
（1） x の確率分布を求めよ．
（2） x の平均と標準偏差を求めよ．（東海大）

平均（期待値）と分散の定義 確率変数 X のとりうる値が x_1，…，x_n で $P(X=x_k)=p_k$ のとき，
平均は $E(X)=\sum_{k=1}^{n} x_k p_k$，分散は $E(X)=m$ として $V(X)=\sum_{k=1}^{n}(x_k-m)^2 p_k$

分散の公式 分散は，$V(X)=E((X-m)^2)$ である．これを変形すると（○2の性質を利用）

$$V(X)=E(X^2-2mX+m^2)=E(X^2)-2mE(X)+m^2=E(X^2)-E(X)^2$$

つまり，分散は(2乗の平均)−(平均の2乗)となる．実際の計算ではこの公式を用いる方がラクになることが多い．なお，$E(X^2)=\sum_{k=1}^{n} x_k{}^2 p_k$

解 答

（1） x の値は右表のようになるから，確率分布は下表．

x	1	2	3	4	5	6	計
P	$\frac{5}{18}$	$\frac{2}{9}$	$\frac{1}{6}$	$\frac{1}{9}$	$\frac{1}{18}$	$\frac{1}{6}$	1

	1	2	3	4	5	6
1	6	1	1	1	1	1
2	1	6	2	2	2	2
3	1	2	6	3	3	3
4	1	2	3	6	4	4
5	1	2	3	4	6	5
6	1	2	3	4	5	6

⇦1〜6は順に
10個，8個，6個，4個，2個，6個

（2） $E(x)=1\cdot\frac{5}{18}+2\cdot\frac{4}{18}+3\cdot\frac{3}{18}+4\cdot\frac{2}{18}+5\cdot\frac{1}{18}+6\cdot\frac{3}{18}$

⇦分母を18にそろえた

$$=\frac{1}{18}(5+8+9+8+5+18)=\mathbf{\frac{53}{18}}$$

$$E(x^2)=1^2\cdot\frac{5}{18}+2^2\cdot\frac{4}{18}+3^2\cdot\frac{3}{18}+4^2\cdot\frac{2}{18}+5^2\cdot\frac{1}{18}+6^2\cdot\frac{3}{18}$$

$$=\frac{1}{18}(5+16+27+32+25+108)=\frac{213}{18}$$

より，

$$V(x)=\frac{213}{18}-\left(\frac{53}{18}\right)^2=\frac{1}{18^2}(213\cdot18-53^2)=\frac{1}{18^2}(3834-2809)=\frac{1025}{18^2}$$

$$\therefore\quad \sigma(x)=\frac{\sqrt{1025}}{18}=\mathbf{\frac{5}{18}\sqrt{41}}$$

○1 演習題（解答は p.47）

1と書いたカード1枚，2と書いたカード2枚，……，n と書いたカード n 枚がある．
この中から1枚のカードを取り出すときカードの示す数 X を確率変数とする．
（1） $X=k$ である確率 p_k を求めよ．
（2） X の平均値 m を求めよ．
（3） X の標準偏差 σ を求めよ．

（札幌医大）

（3） 偏差の2乗より X^2（の和）の方が計算しやすい．

2 確率分布／期待値と分散（公式の活用）

袋Aの中に赤い玉3個，黒い玉2個，袋Bの中には白い玉3個，緑の玉2個が入っている．Aから玉を2個同時に取り出したときの赤い玉の個数を X，Bから玉を2個同時に取り出したときの緑の玉の個数を Y とする．

（1） X の平均と分散を求めよ．

（2） $Z=X+3Y$ とおく．Z の平均と分散を求めよ．（琉球大・理系）

期待値と分散の性質 確率変数 X，Y と定数 a に対して，一般に

- 常に $E(X+Y)=E(X)+E(Y)$，$E(aX)=aE(X)$，$V(aX)=a^2V(X)$
- X と Y が独立のとき，$V(X+Y)=V(X)+V(Y)$，$E(XY)=E(X)E(Y)$

が成り立つ．特に，$Y=c$（1つの値をとる確率変数）として，$E(X+c)=E(X)+c$，$V(X+c)=V(X)$．

利用法と注意点 （和の期待値）=（期待値の和）は，確率変数が独立でなくても成り立つので，例題で「2個同時に取り出す」を「1個ずつ（袋に戻さずに）取り出す」として，それぞれの赤い玉の個数を X_1，X_2（つまり，1個目が赤なら $X_1=1$）とおけば，$X=X_1+X_2$ なので $E(X)=E(X_1)+E(X_2)$ が成り立つ．しかし，X_1 と X_2 は独立ではないので $V(X)=V(X_1)+V(X_2)$ は成り立たない．

対等性の活用 例題では，Aの赤とBの白，Aの黒とBの緑はそれぞれ同じ立場である．従って，X の確率分布と，Bから取り出した白い玉の個数の確率分布は同じになり，玉を2個取り出すことから，それはさらに $2-Y$ の確率分布と同じになる．Y の平均，分散を改めて計算する必要はない．

解答

（1） Aの袋の玉5個をすべて区別すると，異なる2個の取り出し方は ${}_5C_2=10$ 通りあり，これらは同様に確からしい．このうち，赤い玉が0個，1個，2個であるものは，それぞれ ${}_2C_2=1$ 通り，${}_3C_1\cdot{}_2C_1=6$ 通り，${}_3C_2=3$ 通りだから，X の確率分布は右表のようになり，

X	0	1	2	計
P	$\frac{1}{10}$	$\frac{3}{5}$	$\frac{3}{10}$	1

$$E(X)=1\cdot\frac{3}{5}+2\cdot\frac{3}{10}=\boldsymbol{\frac{6}{5}},\quad E(X^2)=1^2\cdot\frac{3}{5}+2^2\cdot\frac{3}{10}=\frac{9}{5}$$

$$V(X)=E(X^2)-E(X)^2=\frac{9}{5}-\left(\frac{6}{5}\right)^2=\frac{45-36}{25}=\boldsymbol{\frac{9}{25}}$$

⇦前文のように X_1，X_2 を設定する
$E(X)=E(X_1)+E(X_2)$
$E(X_1)=E(X_2)=\frac{3}{5}$ となるから
$E(X)=\frac{6}{5}$

（2） Aの赤とBの白，Aの黒とBの緑はそれぞれ同じ立場だから，Bから取り出した白い玉の個数 $2-Y$ の確率分布は X の確率分布と同じになる．よって，

$$E(2-Y)=E(X),\quad V(2-Y)=V(X)$$

$$\therefore\quad 2-E(Y)=E(X),\quad V(Y)=V(X)$$

これらより，

$$E(Z)=E(X+3Y)=E(X)+3E(Y)=E(X)+3\{2-E(X)\}$$
$$=6-2E(X)=6-2\cdot\frac{6}{5}=\boldsymbol{\frac{18}{5}}$$

$$V(Z)=V(X+3Y)=V(X)+3^2V(Y)=10V(X)=\boldsymbol{\frac{18}{5}}$$

2 演習題 （解答は p.47）

表の出る確率が p $(0<p<1)$ の硬貨を2回投げる．このとき1回目に表が出たら $X_1=1$，裏が出たら $X_1=0$，2回目に表が出たら $X_2=1$，裏が出たら $X_2=0$ とすることにより，確率変数 X_1 と X_2 とを定義する．a，b，c を p に無関係な定数とするとき，

（1） 確率変数 $Y=aX_1+bX_2+cX_1X_2$ の期待値（平均値）$E(Y)$ を求めよ．

（2） すべての p に対して $E(Y)=p$ を満たし，しかも Y の分散 $V(Y)$ を最小にするように，定数 a，b，c を定めよ．（阪大・工，基礎工－後）

（1） 上の性質を使う．
（2） まず前半の条件を処理．$E(Y)=p$ が p についての恒等式になるようにする．

3 二項分布／平均と分散

甲，乙の２つのサイコロを同時に振る試行をＡで表すとき，動点Ｐは原点Ｏを出発し，試行Ａにおいてサイコロ甲の出た目がサイコロ乙の出た目より大きいときのみ，x 軸上の正の方向に１だけ進むものとする．試行Ａを n 回（n は正の整数）くり返した後の動点Ｐの x 座標を X で表す．

（１） 試行Ａにおいてサイコロ甲の出た目がサイコロ乙の出た目より大きくなる確率を求めよ．

（２） X の確率分布を求めよ．

（３） xy 平面で定点 $\mathrm{Q}(n,\ 2)$，$\mathrm{R}(-1,\ 0)$ と動点Ｐとを頂点とする三角形の面積を Y で表すとき，Y の期待値 $E(Y)$ と分散 $V(Y)$ とを求めよ．（新潟大・理系）

二項分布とは ある試行において，確率 p で事象 C が起こるとする．この試行を独立に n 回繰り返すときに事象 C が起こる回数を X とすると，$P(X=k)={}_n\mathrm{C}_k p^k(1-p)^{n-k}$ となるが，この確率分布を二項分布といい，$B(n,\ p)$ で表す．

二項分布の期待値と分散 X が $B(n,\ p)$ に従うとき，期待値（平均）と分散は

$$E(X)=np,\quad V(X)=np(1-p)$$

である．（３）は，この公式と ○2 の性質を用いる．

解 答

（１） サイコロの目について，(甲)＞(乙)の確率と（甲)＜(乙)の確率は等しい． ⇦甲と乙は対等

このことと，(甲)＝(乙)の確率が $\frac{1}{6}$ であることから，求める確率は

⇦甲の目が何であっても，乙の目がそれと同じになる確率は $\frac{1}{6}$

$$\frac{1}{2}\left(1-\frac{1}{6}\right)=\mathbf{\frac{5}{12}}$$

（２） （１）より，$\boldsymbol{P(X=k)={}_n\mathrm{C}_k\left(\frac{5}{12}\right)^k\left(\frac{7}{12}\right)^{n-k}}$　$\boldsymbol{(k=0,\ 1,\ \cdots,\ n)}$

（３） X は二項分布 $B\left(n,\ \frac{5}{12}\right)$ に従うから，

$$E(X)=n\cdot\frac{5}{12}=\frac{5}{12}n,\quad V(X)=n\cdot\frac{5}{12}\cdot\frac{7}{12}=\frac{35}{144}n$$

いま，$Y=\frac{1}{2}\{X-(-1)\}\cdot 2=X+1$ であるから，

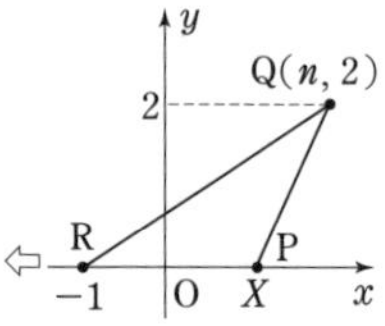

$$E(Y)=E(X+1)=E(X)+1=\mathbf{\frac{5}{12}n+1}$$

$$V(Y)=V(X+1)=V(X)=\mathbf{\frac{35}{144}n}$$

3 演習題（解答は p.47）

１枚の硬貨を投げて，表が出ればＡ君に１点を与え，裏が出ればＢ君に１点を与える．硬貨を n 回投げるとき，Ａ君の総得点を X，Ｂ君の総得点を Y とする．両者とも得点０から始めるとして

（１） X の確率分布と期待値を求めよ．

（２） $X-Y$ の確率分布と期待値を求めよ．

（３） n 回硬貨を投げて，$X=i$ であったとき，１回目にＡ君が１点を得ていた確率を求めよ．

（４） 硬貨を４回投げるとき，１回目から４回目までにＡ君とＢ君の得点が同じになることがある．その回数を Z とする（たとえば，硬貨を４回投げて順に表，裏，表，表となる場合は $Z=1$ である）．Z の期待値を求めよ．（福岡教育大）

（２） $X+Y=n$ を用いると Y を消去できる．
（４） 同点になることがある場合をすべて書き出す，という方法でよいが，確率変数の性質を利用する解法がある．

4 確率密度関数

閉区間 $[0,\ a]\ (a>0)$ のすべての値をとる確率変数 X の確率密度関数を $f(x)=b(4-x)x$ とし，X の平均値が $\dfrac{a}{2}$ であるとする.

（1） a，b の値を求めよ.

（2） X の分散を求めよ.

（3） t の方程式 $4t^2-12t+9(X-1)=0$ の 2 つの解がともに正となる X の確率を求めよ.

（東京都立大・理，工／一部追加）

連続型の確率変数 $\alpha \leqq X \leqq \beta$ の範囲の値をとる確率変数 X の確率密度関数が $f(x)$ のとき，

$P(c_1 \leqq X \leqq c_2)=\int_{c_1}^{c_2} f(x)\,dx$，特に $\int_{\alpha}^{\beta} f(x)\,dx=1$ （確率の合計は 1）

$E(X)=\int_{\alpha}^{\beta} xf(x)\,dx$，$V(X)=\int_{\alpha}^{\beta}(x-m)^2 f(x)\,dx$ $(m=E(X))$

$V(X)=E(X^2)-E(X)^2$

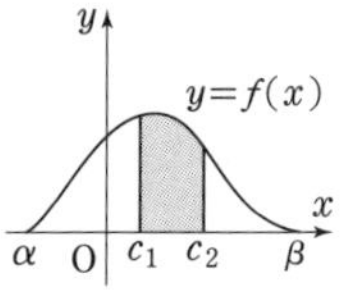

解答

（1） 条件より，確率の合計と平均について，

$\int_0^a b(4-x)x\,dx=1$ ……①，$\int_0^a x\cdot b(4-x)x\,dx=\dfrac{a}{2}$ ……②

①は $b\left(-\dfrac{a^3}{3}+2a^2\right)=1$ ……③，②は $b\left(-\dfrac{a^4}{4}+\dfrac{4}{3}a^3\right)=\dfrac{a}{2}$ ……④ だから，

④の各辺を a で割って③と比較すると $-\dfrac{a^3}{3}+2a^2=2\left(-\dfrac{a^3}{4}+\dfrac{4}{3}a^2\right)$

これを解いて $\boldsymbol{a=4}$，③に代入して $\boldsymbol{b=\dfrac{3}{32}}$

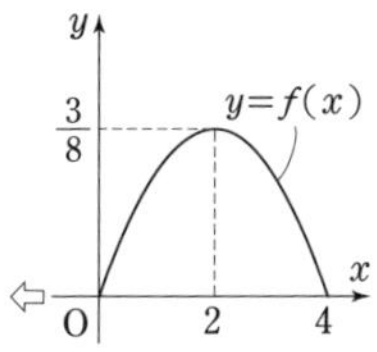

（2） $E(X^2)=\int_0^4 x^2\cdot\dfrac{3}{32}(4-x)x\,dx=\dfrac{3}{32}\left(-\dfrac{1}{5}\cdot 4^5+4^4\right)=\dfrac{24}{5}$ より，

$V(X)=E(X^2)-E(X)^2=\dfrac{24}{5}-2^2=\boldsymbol{\dfrac{4}{5}}$ ⇦ $E(X)=\dfrac{a}{2}=\dfrac{4}{2}=2$

（3） $4t^2-12t+9(X-1)=0$ の 2 解の和は正だから，2 解とも正となるための条件は，$9(X-1)>0$ かつ $\dfrac{D}{4}=6^2-4\cdot 9(X-1)\geqq 0$ ⇦重解も 2 解とみなす.

これらを整理すると $1<X\leqq 2$ となるから，求める確率は

$\int_1^2 \dfrac{3}{32}(4-x)x\,dx=\dfrac{3}{32}\left[-\dfrac{x^3}{3}+2x^2\right]_1^2=\dfrac{3}{32}\left(-\dfrac{8}{3}+8+\dfrac{1}{3}-2\right)=\boldsymbol{\dfrac{11}{32}}$

4 演習題 （解答は p.48）

確率変数 X の確率密度関数を $f(x)=\begin{cases} bx(a-x) & (0\leqq x\leqq a\text{のとき}) \\ 0 & (x<0,\ x>a\text{のとき}) \end{cases}$ とする.

また，X の期待値は 1 である.

（1） 定数 a，b の値を求めよ.

（2） 新しい確率変数 Y を $Y=cX+3$ $(c>0)$ で定義するとき，$P(4\leqq Y\leqq 5)$ を求めよ.

（九州芸工大）

（1） 確率の和は 1.
（2） c の値で場合わけが必要.

5 正規分布／標準正規分布の活用

変量 Z の分布が標準正規分布 $N(0,\ 1)$ であるとき，確率 $\varphi(z)=P(0\leqq Z\leqq z)$ に対して右の表がある．

z	0	1	2	3
$\varphi(z)$	0	0.34134	0.47725	0.49865

この表を用いて次の確率を求めよ．

（1） $P(1\leqq Z\leqq 3)$

（2） $P(-2\leqq Z\leqq 1)$

次に変量 X の分布が正規分布 $N(m,\ \sigma^2)$ であるとき，

（3） $P(|X-m|\leqq 2\sigma)$ を求めよ．

（東北学院大・法）

正規分布表の利用 標準正規分布の確率密度関数を $f(x)$ とすると，例題の $\varphi(z)$ は右図網目部の面積を表す．(1)(2)は，与えられている $\varphi(z)$ の値とグラフの対称性（$f(x)$ は偶関数，つまり $y=f(x)$ のグラフは y 軸に関して対称）を用いて求める．(3)は，変数変換して標準正規分布にするか，(同じ意味で) 傍注のように考える．右図の z は，平均との差が標準偏差いくつ分であるかを表す．

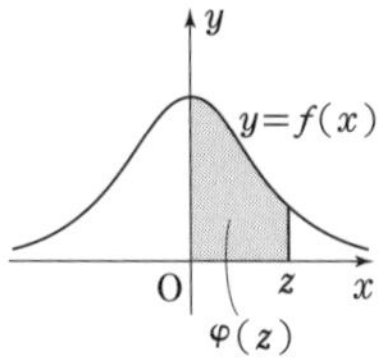

解 答

(1)(2) 標準正規分布の確率密度関数を $f(x)$ とすると，$P(1\leqq Z\leqq 3)$，$P(-2\leqq Z\leqq 1)$ はそれぞれ右図網目部の面積を表す．

(1)

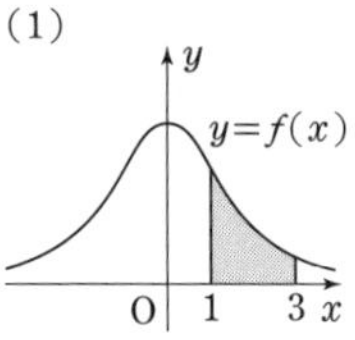

(2)

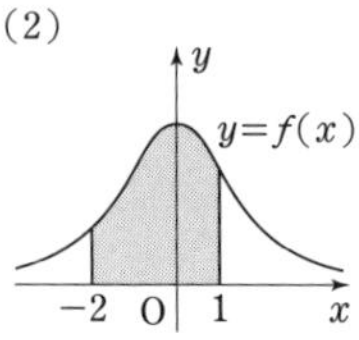

(1) $P(1\leqq Z\leqq 3)$

$=\varphi(3)-\varphi(1)=0.49865-0.34134=\mathbf{0.15731}$

⇦ $P(1\leqq Z\leqq 3)$
$=P(0\leqq Z\leqq 3)-P(0\leqq Z\leqq 1)$
$=\varphi(3)-\varphi(1)$
図があると考えやすい．

(2) $y=f(x)$ のグラフは y 軸に関して対称なので，

$P(-2\leqq Z\leqq 1)=\varphi(2)+\varphi(1)=0.47725+0.34134=\mathbf{0.81859}$

(3) X が $N(m,\ \sigma^2)$ に従うとき，$Z=\dfrac{X-m}{\sigma}$ とおくと，Z は $N(0,\ 1)$ に従う．このとき，$X-m=\sigma Z$ であるから，

$$|X-m|\leqq 2\sigma \iff |\sigma Z|\leqq 2\sigma \iff |Z|\leqq 2$$

よって，

$P(|X-m|\leqq 2\sigma)=P(|Z|\leqq 2)=P(-2\leqq Z\leqq 2)$

$=2\varphi(2)=2\cdot 0.47725=\mathbf{0.95450}$

⇨**注** 上の記号を使うと，$P(|X-m|\leqq k\sigma)=P(|Z|\leqq k)$ （k は定数）

⇦ $|X-m|\leqq 2\sigma$ は，X と平均の差（絶対値）が標準偏差 2 つ分以下であることを表すので，その確率は下図網目部の面積．

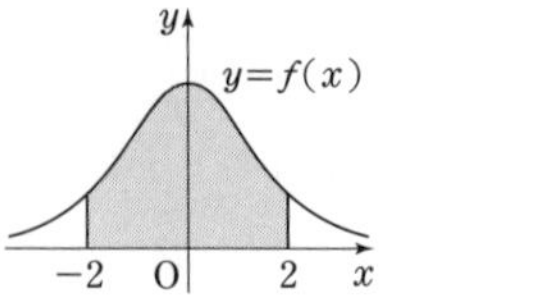

5 演習題（解答は p.48）

ある製品の長さは平均 69 cm，標準偏差 0.4 cm の正規分布に従うことがわかっている．長さが 70 cm 以上の製品は不良品とされるとき，1 万個の製品の中には何個の不良品が含まれると予想されるか．p.4 の正規分布表を利用せよ．

（琉球大・理系）

標準正規分布に変換する．

6 正規分布の応用

ある国では，その国民の血液型の割合は，O 型 30%，A 型 35%，B 型 25%，AB 型 10% であるといわれている．いま，無作為に 400 人を選ぶとき，AB 型の人が 37 人以上 49 人以下となる確率を求めよ．ただし，標準正規分布 $N(0,\ 1)$ に従う確率変数 Z に対し，確率 $P(0 \leqq Z \leqq x)$ を $N(x)$ で表すとき，$N(x)$ の値は，次の表で与えられる．

x	0.4	0.5	0.6	0.7	0.8	0.9	1.0	1.1	1.2	1.3	1.4	1.5
$N(x)$	0.1554	0.1915	0.2257	0.2580	0.2881	0.3159	0.3413	0.3643	0.3849	0.4032	0.4192	0.4332

（旭川医大）

二項分布と正規分布　無作為に選ばれた 400 人の中の AB 型の人の数 X は，二項分布 $B(400,\ 0.1)$ に従うが，例題は $P(37 \leqq X \leqq 49)$ の正確な値を求めるのではない．正規分布表（の一部）が与えられているときは，二項分布を正規分布で近似し，X が $B(400,\ 0.1)$ と同じ平均，同じ標準偏差の正規分布に従うとみなして確率を概算する．

解 答

無作為に 1 人を選ぶとき，その人が AB 型である確率は 0.1 であるから，無作為に選ばれた 400 人の中の AB 型の人の数 X は，二項分布 $B(400,\ 0.1)$ に従う．

よって，

$$E(X)=400\cdot 0.1=40,\quad V(X)=400\cdot 0.1\cdot(1-0.1)=36=6^2$$

⇦ X が $B(n,\ p)$ に従うとき，
$E(X)=np$
$V(X)=np(1-p)$

以下，二項分布を正規分布で近似し，X が $N(40,\ 6^2)$ に従うとする．

このとき，$Z=\dfrac{X-40}{6}$ は $N(0,\ 1)$ に従い，

$$37 \leqq X \leqq 49 \iff -0.5 \leqq Z \leqq 1.5$$

であるから，

$$\begin{aligned} P(37 \leqq X \leqq 49) &= P(-0.5 \leqq Z \leqq 1.5) \\ &= N(0.5)+N(1.5) \\ &= 0.1915+0.4332 \\ &= \mathbf{0.6247} \end{aligned}$$

⇦ 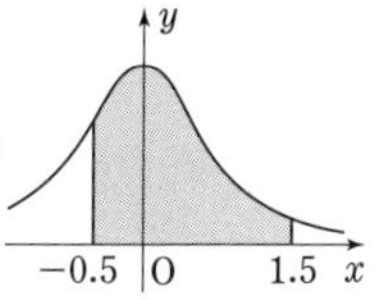

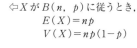

⇨**注**　$P(37 \leqq X \leqq 49)$ の正確な値は $\displaystyle\sum_{k=37}^{49} {}_{400}\mathrm{C}_k \left(\frac{1}{10}\right)^k \left(\frac{9}{10}\right)^{400-k}$ を数値計算ソフトを用いてパソコンで計算すると 0.655… である．$n=400$ が大きいとは言えないことや，$p=0.1$ であることが誤差の原因（p が 0.5 に近いと近似の精度が高くなる）と考えられるが，それでも大きく外れるわけではない．

6 演習題 （解答は p.49）

サイコロを投げて，1，2 の目が出たら 0 点，3，4，5 の目が出たら 1 点，6 の目が出たら 100 点を得点とするゲームを考える．このとき，次の問いに答えよ．

（1） サイコロを 5 回投げるとき，得点の合計が 102 点になる確率を求めよ．

（2） サイコロを 100 回投げたときの合計得点を 100 で割った余りを X とする．例題の表を用いて，$X \leqq 46$ となる確率を求めよ．

（琉球大・理系）

（2） X は 1 点の回数とほぼ一致する．二項分布を正規分布で近似して求める．

7 母平均の推定

ある動物用の新しい飼料を試作し，任意抽出された100匹にこの新しい飼料を毎日与えて1週間後に体重の変化を調べた．増加量の平均は2.57 kg，標準偏差は0.35 kgであった．この増加量について次の問いに答えよ．ただし，Zが標準正規分布$N(0,\ 1)$に従うとき，$P(|Z|\leqq 2)=0.95$とする．

（1） 母平均を信頼度95%で推定せよ（信頼区間を求めよ）．

（2） 標本平均と母平均の違いを95%の確率で0.05 kg以下にするには標本数をいくらにすればよいか．

（山梨医大）

母平均の95%信頼区間 母平均mの集団からn個の標本を抽出し，その標本平均を$\overline{X}$とする．母標準偏差（または標本標準偏差）がσのとき，$\overline{X}$は平均m，標準偏差$\dfrac{\sigma}{\sqrt{n}}$の正規分布に従うとみなせる（母集団の分布が正規分布であれば$\overline{X}$は常に正規分布に従う．そうでなくても，nが大きければ$\overline{X}$は近似的に正規分布に従う．例題のような問題では，$\overline{X}$が正規分布に従うと考えて議論する）．

このとき，$Z=\dfrac{\overline{X}-m}{\dfrac{\sigma}{\sqrt{n}}}$は$N(0,\ 1)$に従うので，$|Z|\leqq 2 \iff |\overline{X}-m|\leqq 2\cdot\dfrac{\sigma}{\sqrt{n}}$より

$P\left(|\overline{X}-m|\leqq 2\cdot\dfrac{\sigma}{\sqrt{n}}\right)=0.95$となる．この$m$の範囲$|\overline{X}-m|\leqq 2\cdot\dfrac{\sigma}{\sqrt{n}}$を母平均$m$の95%信頼区間という．これを

不等式の形で書けば　$\overline{X}-2\cdot\dfrac{\sigma}{\sqrt{n}}\leqq m\leqq \overline{X}+2\cdot\dfrac{\sigma}{\sqrt{n}}$

区間の形で書けば　$\left[\overline{X}-2\cdot\dfrac{\sigma}{\sqrt{n}},\ \overline{X}+2\cdot\dfrac{\sigma}{\sqrt{n}}\right]$

なお，$P(|Z|\leqq 1.96)=0.95$とする場合は，上の2を1.96とする．

解答

（1） 標本数100，標本平均2.57 kg，標本標準偏差0.35 kgより，母平均mの95%信頼区間は

$$\left[2.57-2\cdot\frac{0.35}{\sqrt{100}},\ 2.57+2\cdot\frac{0.35}{\sqrt{100}}\right]$$

答えは，**[2.50, 2.64]**

（2） 求めるものは，$P(|\overline{X}-m|\leqq 0.05)=0.95$となる標本数$n$である．

これと$P\left(|\overline{X}-m|\leqq 2\cdot\dfrac{\sigma}{\sqrt{n}}\right)=0.95$を比較し，

$$2\cdot\frac{0.35}{\sqrt{n}}=0.05 \qquad \therefore\ 14=\sqrt{n} \qquad \therefore\ n=196$$

よって，標本数nを**196**にすればよい．

7 演習題 （解答は p.49）

ある試験の受験者の得点の母平均mを推定するため，無作為に抽出された96人の得点を調べたところ，平均点は99であった．

（1） 母標準偏差の値が20点のとき，mを信頼度95%で推定せよ．

（2） 母標準偏差の値が15点のとき，mに対する信頼度95%の信頼区間の幅を求めよ．

ただし，$\sqrt{6}=2.45$とし，Zが$N(0,\ 1)$に従うとき$P(|Z|\leqq 1.96)=0.95$とする．

（センター試験／形式変更）

公式を使う．

8 母比率の推定

2つの地域A，B産の大豆をある比率で混ぜ合わせたものがある．A産の大豆の全体に対する比率は，0.2位であると考えられている．いまこのような大豆の集まりから無作為に何粒かを選び出すことにする．A産の大豆の比率を信頼度95%で区間推定するとき，信頼区間の幅を0.02以下にするには，何粒位を選び出せばよいか．ただし，Zが標準正規分布$N(0,\ 1)$に従うとき，$P(|Z|\leqq 2)=0.95$とする．　（旭川医大）

母比率の95%信頼区間　標本の大きさn，標本比率p'のとき，母比率pの95%信頼区間は

$$\left[p'-1.96\sqrt{\frac{p'(1-p')}{n}},\ p'+1.96\sqrt{\frac{p'(1-p')}{n}}\right]$$

（例題や演習題では1.96を2とする）

解答

標本比率（標本におけるA産の大豆の比率）を$p'=0.2$とする．標本数をnとするとき，母比率の95%信頼区間の幅は，

$$2\sqrt{\frac{p'(1-p')}{n}}\times 2=4\sqrt{\frac{0.2\cdot 0.8}{n}}=\frac{4\cdot 0.4}{\sqrt{n}}=\frac{1.6}{\sqrt{n}}$$

これが0.02以下のとき，

$$\frac{1.6}{\sqrt{n}}\leqq 0.02 \qquad \therefore\ \sqrt{n}\geqq\frac{1.6}{0.02}=80$$

よって，$n\geqq 80^2=6400$となり，**6400粒**．

⇨注　例題では，標本数n（n粒を選び出す）とき，A産の大豆の個数Xは二項分布$B(n,\ 0.2)$に従うと考えられる．これを，平均と標準偏差が同じ正規分布で近似すると，$P(m-2\sigma\leqq X\leqq m+2\sigma)=0.95$となる．この区間を比率に直した$\dfrac{m-2\sigma}{n}\leqq\dfrac{X}{n}\leqq\dfrac{m+2\sigma}{n}$が母平均$p$の95%信頼区間となるが，母比率の推定については，混乱防止のためにも（上のXは$\overline{X}$ではない）公式を覚えておく方がよいと思われる．

⇦この場合は$N(0.2n,\ 0.16n)$

⇦$m=0.2n,\ \sigma=\sqrt{0.16n}$

⇦信頼区間の幅は，
$\dfrac{4\sigma}{n}=\dfrac{4\sqrt{0.16n}}{n}=\dfrac{1.6}{\sqrt{n}}$
でもちろん解答と一致する．

8 演習題 （解答はp.49）

Aという薬を作っているある工場で，大量の製品全体の中から任意に1000個を抽出して検査を行ったところ，20個の不良品があった．この製品全体についての不良率を，二項分布の計算には正規分布を用い，95%の信頼度で推定（%で表し，小数第2位を四捨五入）せよ．ただし，$\sqrt{10}=3.16$，Zが標準正規分布$N(0,\ 1)$に従うとき，$P(|Z|\leqq 2)=0.95$とする．

（類　山梨医大）

公式を利用．

9 検定

ある種類のねずみは，生まれてから3か月後の体重が平均65 g，標準偏差4.8 gの正規分布に従うという．いまこの種類のねずみ10匹を特別な飼料で飼養し，3か月後に体重を測定したところ，下の結果を得た．この飼料はねずみの体重に異常な変化を与えたと考えられるか．有意水準5%で検定せよ．

67，71，63，74，68，61，64，80，71，73　（旭川医大）

検定のしかた　例題では，体重に変化がなかった……※　と仮定する．このもとでは，10匹の標本の体重の平均値 $\overline{X}$ は，平均65 g，標準偏差 $\dfrac{4.8}{\sqrt{10}}$ gの正規分布に従う．

実際のデータの平均値を計算し，その値が先の正規分布の両端2.5%ずつのいずれかに含まれれば，仮説※を棄却する．右図（グラフは標準正規分布の確率密度関数）で $z=1.96$ のとき，網目部の面積が合わせて0.05（片側0.025）である．

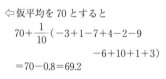

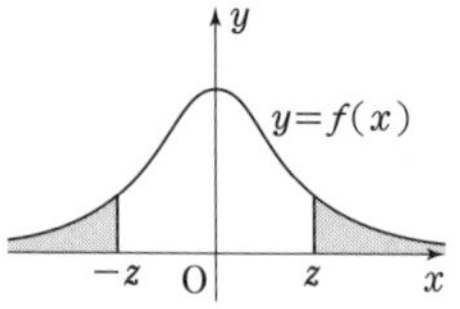

解答

標本10匹の体重の平均値は，

$$\frac{1}{10}(67+71+63+74+68+61+64+80+71+73)=69.2 \quad \cdots\cdots ①$$

⇦仮平均を70とすると
$70+\dfrac{1}{10}(-3+1-7+4-2-9-6+10+1+3)$
$=70-0.8=69.2$

この飼料による体重の変化がなかった……※　と仮定すると，10匹の標本の体重の平均値は，平均65 g，標準偏差 $\dfrac{4.8}{\sqrt{10}}$ gの正規分布に従う．ここで，

$$65+2\cdot\frac{4.8}{\sqrt{10}}<65+2\cdot\frac{4.8}{3}=68.2$$

⇦平均＋2×標準偏差

であるから，有意水準5%の検定においては，①は棄却域に含まれる．

⇦上の図で $|x|\geqq z=1.96$ の範囲を棄却域という．$\sqrt{10}$ も含め，結論に影響がなければ（棄却域を狭くしても棄却されるなら）簡単な値を使ってよい．

よって，仮説※は棄却される．

➾**注**　母集団が正規分布に従うので，標本数が少なくても標本平均 $\overline{X}$ は正規分布に従う．なお，$Z=\dfrac{\overline{X}-65}{\frac{4.8}{\sqrt{10}}}$ は $N(0,\ 1)$ に従う．この Z を用いると，棄却域は $|Z|\geqq 1.96$（あるいは $|Z|\geqq 2$）である．

➾**注**　体重の平均ではなく，標準偏差に「異常な変化を与えた」可能性もあるが，通常，そのような考察が要求されることはない．

9 演習題（解答はp.49）

日本人の血液型の百分率は，O型30%，A型40%，B型20%，AB型10%といわれている．

（1）n 人からなる集団を任意に抽出するとき，n 人の中のB型である人数 X は，n が十分大きいとき平均 $m=$［　　］，分散 $\sigma^2=$［　　］の［　　］に従うと考えてよい．

（2）人口1,225人のある集落 S を抽出し，B型の人数を調べたところ，211人であったという．この人数は異常であるといえるか．有意水準（危険率）5%で検定せよ．

（旭川医大）

（2）二項分布を正規分布で近似する．

統計的な推測 演習題の解答

1…A*○　**2**…B**　**3**…B***
4…B***　**5**…A*　**6**…B**
7…A*　**8**…A*　**9**…B**

1 （3） 2乗の平均が計算しやすいので，公式を用いるとよい．

解 カードは全部で $1+2+\cdots+n=\frac{1}{2}n(n+1)$ 枚.

（1） $p_k=\dfrac{k}{\frac{1}{2}n(n+1)}=\boldsymbol{\dfrac{2k}{n(n+1)}}$

（2） $m=\sum_{k=1}^{n}kp_k=\sum_{k=1}^{n}\dfrac{2k^2}{n(n+1)}$

$=\dfrac{1}{n(n+1)}\cdot\dfrac{2}{6}n(n+1)(2n+1)=\boldsymbol{\dfrac{1}{3}(2n+1)}$

（3） $E(X^2)=\sum_{k=1}^{n}k^2p_k=\sum_{k=1}^{n}\dfrac{2k^3}{n(n+1)}$

$=\dfrac{1}{n(n+1)}\cdot\dfrac{2}{4}n^2(n+1)^2=\dfrac{1}{2}n(n+1)$

より，

$V(X)=E(X^2)-E(X)^2=\dfrac{1}{2}n(n+1)-\dfrac{1}{9}(2n+1)^2$

$=\dfrac{1}{18}\{9n(n+1)-2(2n+1)^2\}=\dfrac{1}{18}(n^2+n-2)$

$\therefore\ \ \sigma=\sqrt{V(X)}=\boldsymbol{\dfrac{\sqrt{n^2+n-2}}{3\sqrt{2}}}$

2 （1） $E(X_1)$, $E(X_2)$ を計算し，期待値の性質を用いる．
（2） 前半の条件から $c=0$ が決まる．このもとで，分散の公式を用いて $V(Y)$ を計算しよう．

解 （1） $E(X_1)=E(X_2)=1\cdot p+0\cdot(1-p)=p$ であり，X_1 と X_2 は独立だから，

$E(Y)=E(aX_1+bX_2+cX_1X_2)$
$=aE(X_1)+bE(X_2)+cE(X_1)E(X_2)$
$=ap+bp+cp\cdot p=\boldsymbol{cp^2+(a+b)p}$

（2） すべての p に対して $E(Y)=p$
$\iff$ すべての p に対して $cp^2+(a+b)p=p$
$\iff$ $cp^2+(a+b-1)p=0$ が p についての恒等式
$\iff$ $c=0$ かつ $a+b-1=0$

このとき，$Y=aX_1+(1-a)X_2$ であり，

$V(X_1)=E(X_1{}^2)-E(X_1)^2$
$=\{1^2\cdot p+0^2\cdot(1-p)\}-p^2$
$=p-p^2\ (=p(1-p)>0)$
$V(X_2)=V(X_1)$

であるから，

$V(Y)=V(aX_1+(1-a)X_2)$
$=a^2V(X_1)+(1-a)^2V(X_2)$
$=a^2(p-p^2)+(1-a)^2(p-p^2)$
$=\{a^2+(1-a)^2\}(p-p^2)$
$=(2a^2-2a+1)(p-p^2)$

p は定数で

$2a^2-2a+1=2\left(a-\dfrac{1}{2}\right)^2+\dfrac{1}{2}$

だから，$V(Y)$ を最小にする a は $\frac{1}{2}$ でこのとき $b=\frac{1}{2}$

求める値は，$\boldsymbol{a=\dfrac{1}{2}}$，$\boldsymbol{b=\dfrac{1}{2}}$，$\boldsymbol{c=0}$

3 （2） $X+Y=n$ であることを用いて，$P(X-Y=k)$ を $P(X=l)$ に書き直す．
（4） 同点になる可能性があるのは，硬貨を2回投げた後と4回投げた後．Z は0，1，2のいずれかで，それぞれの確率を求めてもよいが，少しうまい方法がある．

解 （1） X は二項分布 $B\left(n,\ \dfrac{1}{2}\right)$ に従うので，

$\boldsymbol{P(X=k)}={}_n\mathrm{C}_k\left(\dfrac{1}{2}\right)^k\left(\dfrac{1}{2}\right)^{n-k}=\boldsymbol{\dfrac{{}_n\mathrm{C}_k}{2^n}}$，$\boldsymbol{E(X)=\dfrac{n}{2}}$

（2） 定め方から $X+Y=n$ なので，$X-Y=k$ のとき（この2式の辺々を加えて2で割り）$X=\dfrac{1}{2}(n+k)$

$n+k$ が奇数のとき，$P(X-Y=k)=0$
$n+k$ が偶数のとき，

$\boldsymbol{P(X-Y=k)}=P\left(X=\dfrac{1}{2}(n+k)\right)=\boldsymbol{\dfrac{{}_n\mathrm{C}_{\frac{1}{2}(n+k)}}{2^n}}$

Y も X と同じ二項分布に従うから $E(Y)=\dfrac{n}{2}$ で，

$\boldsymbol{E(X-Y)=E(X)-E(Y)=0}$

（3） 1回目にA君が1点を得て，かつ $X=i$ となるのは，2回目〜n 回目の $n-1$ 回のうちの $i-1$ 回で表が出る場合だから，その確率は $\dfrac{1}{2}\cdot\dfrac{{}_{n-1}\mathrm{C}_{i-1}}{2^{n-1}}$（$i=0$ のときは ${}_{n-1}\mathrm{C}_{i-1}=0$ として正しい）．

よって，求める条件付き確率は

$$\frac{{}_{n-1}\mathrm{C}_{i-1}}{2^n}\div\frac{{}_n\mathrm{C}_i}{2^n}=\frac{{}_{n-1}\mathrm{C}_{i-1}}{{}_n\mathrm{C}_i}$$

$$=\frac{(n-1)!}{(i-1)!(n-i)!}\cdot\frac{i!(n-i)!}{n!}=\boldsymbol{\frac{i}{n}}$$

（4） 2人の得点が同じになる可能性があるのは，(得点の和が硬貨を投げた回数と等しいので) 2回後か4回後．2回後に同点のとき $Z_1=1$，そうでないとき $Z_1=0$，4回後に同点のとき $Z_2=1$，そうでないとき $Z_2=0$ で確率変数 Z_1，Z_2 を定めると，$Z=Z_1+Z_2$ であり，

$P(Z_1=1)=$(表裏か裏表の順に出る確率)

$$=\frac{1}{2^2}\times2=\frac{1}{2}$$

$P(Z_2=1)=$(4回のうちの2回で表が出る確率)

$$=\frac{{}_4\mathrm{C}_2}{2^4}=\frac{6}{2^4}=\frac{3}{8}$$

よって，

$$E(Z)=E(Z_1)+E(Z_2)$$
$$=0\cdot P(Z_1=0)+1\cdot P(Z_1=1)$$
$$+0\cdot P(Z_2=0)+1\cdot P(Z_2=1)$$
$$=\frac{1}{2}+\frac{3}{8}=\boldsymbol{\frac{7}{8}}$$

⇨**注** （3） $X=i$ となるのは，表が全部で i 回出るとき．この i 回が1回目から n 回目のどこで出るかは同様に確からしいから，1回目が表の確率は $\frac{i}{n}$

（4） $P(Z=1)=\frac{3}{8}$，$P(Z=2)=\frac{1}{4}$ である．

4 （1） 確率の和＝1と，期待値の条件から a と b の連立方程式を作る．

（2） $4\leqq Y\leqq5$ を X の範囲に直す．c の値で場合わけが必要．

解 （1） 確率の和は1だから

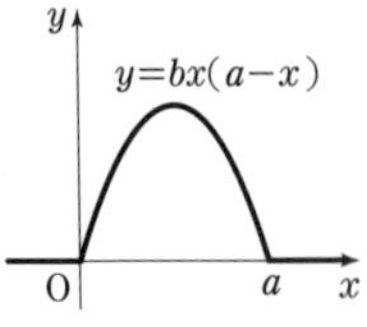

$$\int_0^a bx(a-x)\,dx=1$$

$$\therefore\quad \frac{b}{6}\cdot a^3=1\ \cdots\cdots①$$

期待値は，①を用いると

$$\int_0^a x\cdot bx(a-x)\,dx=b\left[-\frac{1}{4}x^4+\frac{1}{3}ax^3\right]_0^a$$

$$=b\left(-\frac{1}{4}+\frac{1}{3}\right)a^4=\frac{b}{12}a^4=\frac{b}{6}a^3\cdot\frac{a}{2}=\frac{a}{2}$$

であるから，$\frac{a}{2}=1$ で $\boldsymbol{a=2}$．これと①より $\boldsymbol{b=\frac{3}{4}}$

（2） $Y=cX+3$，$c>0$ のとき，

$$4\leqq Y\leqq5 \iff \frac{1}{c}\leqq X\leqq\frac{2}{c}\ \cdots\cdots\cdots\cdots\cdots\cdots\cdots②$$

［この区間と，$0\leqq X\leqq2$ の共通部分を考える］

• $\frac{1}{c}\geqq2$ すなわち $\boldsymbol{c\leqq\frac{1}{2}}$ **のとき**，②の範囲で $f(x)=0$ だから，$P(4\leqq Y\leqq5)=\mathbf{0}$

• $\frac{1}{c}\leqq2\leqq\frac{2}{c}$ すなわち $\boldsymbol{\frac{1}{2}\leqq c\leqq1}$ **のとき**，②と $0\leqq X\leqq2$ の共通部分は $\frac{1}{c}\leqq X\leqq2$ だから，

$$P(4\leqq Y\leqq5)=\int_{\frac{1}{c}}^{2}\frac{3}{4}x(2-x)\,dx$$

$$=\frac{1}{4}\Big[3x^2-x^3\Big]_{\frac{1}{c}}^{2}=\frac{1}{4}\left\{(12-8)-\left(\frac{3}{c^2}-\frac{1}{c^3}\right)\right\}$$

$$=\boldsymbol{1-\frac{3}{4c^2}+\frac{1}{4c^3}}$$

• $\frac{2}{c}\leqq2$ すなわち $c\geqq1$ のとき，②と $0\leqq X\leqq2$ の共通部分は②だから，

$$P(4\leqq Y\leqq5)=\int_{\frac{1}{c}}^{\frac{2}{c}}\frac{3}{4}x(2-x)\,dx$$

$$=\frac{1}{4}\Big[3x^2-x^3\Big]_{\frac{1}{c}}^{\frac{2}{c}}=\frac{1}{4}\left\{\left(\frac{12}{c^2}-\frac{8}{c^3}\right)-\left(\frac{3}{c^2}-\frac{1}{c^3}\right)\right\}$$

$$=\boldsymbol{\frac{9}{4c^2}-\frac{7}{4c^3}}$$

5 製品の長さを表す確率変数を X とすると，X は平均69 (cm)，標準偏差0.4 (cm) の正規分布に従う．これを標準正規分布に従う確率変数に変換し，正規分布表を用いて答える．

解 製品の長さを表す確率変数を X とすると，X は平均69 (cm)，標準偏差0.4 (cm) の正規分布に従う．

よって，$Z=\frac{X-69}{0.4}$ は標準正規分布に従い，

$$X\geqq70 \iff Z\geqq\frac{1}{0.4}=2.5$$

正規分布表を用いると，

$$P(X\geqq70)=P(Z\geqq2.5)$$
$$=0.5-0.4938=0.0062$$

となり，1万個の製品の中に

$10000\times0.0062=$ **62個**

含まれると予想される．

6 （2） $X=0$（3, 4, 5 の目が 0 回または 100 回）の場合を除くと，X は二項分布に従う．これを正規分布で近似し，正規分布表を用いる．

解 （1） 6 の目が 1 回，3 か 4 か 5 の目が合わせて 2 回，1 か 2 の目が合わせて 2 回出る場合である．得点の順番（100, 1, 1, 0, 0 の並べかえ）が

$$5\times{}_4C_2=30\ (\text{通り})$$

あることから，求める確率は

$$30\times\frac{1}{6}\left(\frac{1}{2}\right)^2\left(\frac{1}{3}\right)^2=\mathbf{\frac{5}{36}}$$

（2） 3, 4, 5 の目が出る回数を Y とすると，$Y=100$ の場合を除いて $X=Y$ である．$Y=100$ となる確率は

$$\left(\frac{1}{2}\right)^{100}=\left(\frac{1}{2^{10}}\right)^{10}=\left(\frac{1}{1024}\right)^{10}<\left(\frac{1}{10^3}\right)^{10}=10^{-30}$$

であるから，無視しても答えに影響しない．

Y は二項分布 $B\left(100,\ \frac{1}{2}\right)$ に従うので，

$$E(Y)=100\cdot\frac{1}{2}=50,$$

$$V(Y)=100\cdot\frac{1}{2}\left(1-\frac{1}{2}\right)=25=5^2$$

以下，$B\left(100,\ \frac{1}{2}\right)$ を $N(50,\ 5^2)$ で近似し，Y が $N(50,\ 5^2)$ に従うとみなして $P(Y\leqq 46)$ を求める．

$$Y\leqq 46 \iff \frac{Y-50}{5}\leqq -0.8$$

であるから，例題の表より

$P(Y\leqq 46)$
$=0.5-0.2881$
$=\mathbf{0.2119}$

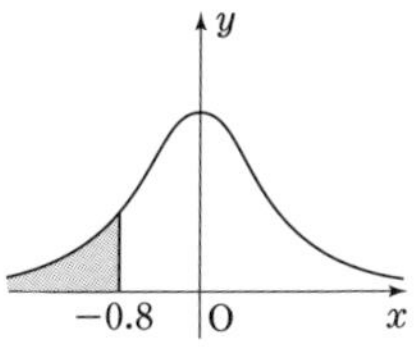

7 信頼区間の公式にあてはめる．

解 （1） $\overline{X}=99$, $\sigma=20$, $n=96$ として，m の 95% 信頼区間は，

$$\left[99-1.96\times\frac{20}{\sqrt{96}},\ 99+1.96\times\frac{20}{\sqrt{96}}\right]$$

$\sqrt{96}=4\sqrt{6}=4\cdot 2.45=9.8$ なので，

$$[99-0.2\times 20,\ 99+0.2\times 20]$$

となり，答えは **[95, 103]**

（2） 信頼区間の幅は $1.96\times\frac{\sigma}{\sqrt{n}}\times 2$ なので，$\sigma=15$, $n=96$ として

$$1.96\times\frac{15}{\sqrt{96}}\times 2=1.96\times\frac{15}{9.8}\times 2=\mathbf{6}$$

8 公式にあてはめる．

解 標本の大きさ $n=1000$，標本比率 $p'=\frac{20}{1000}=0.02$ より，母比率 p の 95% 信頼区間は

$$\left[0.02-2\sqrt{\frac{0.02(1-0.02)}{1000}},\ 0.02+2\sqrt{\frac{0.02(1-0.02)}{1000}}\right]$$

である．ここで

$$0.02(1-0.02)=0.02\cdot 0.98=0.0196=(0.14)^2$$
$$\sqrt{1000}=10\sqrt{10}=31.6$$

より

$$2\sqrt{\frac{0.02(1-0.02)}{1000}}=\frac{2\cdot 0.14}{31.6}=\frac{2.8}{316}=0.0088\cdots$$

となるので，上の信頼区間は

$$[0.02-0.0088\cdots,\ 0.02+0.0088\cdots]$$
$$=[0.0111\cdots,\ 0.0288\cdots]$$

答える形にすると，**[1.1%, 2.9%]**

9 （1） X は二項分布に従うが，標本数が大きければ正規分布に従うと考えてよい．

（2） （1）の正規分布で，$X\geqq m+2\sigma$ と $X\leqq m-2\sigma$ が棄却域である．

解 （1） 1 人を選ぶとき，その人が B 型である確率は $\frac{1}{5}$ であるから，標本 n 人の中の B 型である人数 X は二項分布 $B\left(n,\ \frac{1}{5}\right)$ に従う．このとき，

$$E(X)=\frac{1}{5}n,\ V(X)=n\cdot\frac{1}{5}\left(1-\frac{1}{5}\right)=\frac{4}{25}n$$

であるから，$B\left(n,\ \frac{1}{5}\right)$ は $N\left(\frac{1}{5}n,\ \frac{4}{25}n\right)$ で近似でき，

$\boldsymbol{m=\frac{1}{5}n,\ \sigma^2=\frac{4}{25}n}$ の**正規分布**に従うと考えてよい．

（2） 集落 S が異常でないと仮定する．S の中で B 型である人数は

平均 $1225\cdot\frac{1}{5}=245$

分散 $1225\cdot\frac{4}{25}=196=14^2$

の正規分布に従うと考えてよい．このとき，

$$211\leqq 245-2\cdot 14=217$$

であり，B 型の人数 211 人は棄却域に含まれる．

よって，仮説「S は異常でない」は**棄却される**．

特別講座

期待値のテクニック

数値に確率の“重み”をかけた和を求める問題が入試でもたまに見られますが，次もその1例です．

問題1　N を自然数として，表と裏が等確率で出るコインを N 回投げる試行を考え，この試行の結果によって関数 $f(x)$ を次のように定義する．

（i）　$x \leqq 0$ のとき，$f(x)=0$

（ii）　x が N 以下の自然数 n に等しいとき，n 回目に

表が出れば $f(n)=f(n-1)+1$

裏が出れば $f(n)=f(n-1)-1$

（iii）　x が $0<x<N$ を満たし，かつ自然数でないとき，$n-1<x<n$ を満たす自然数を n として，

$f(x)=(x-n+1)f(n)+(n-x)f(n-1)$

（iv）　$x>N$ のとき，$f(x)=f(N)$

（1）　自然数 N と0以上の整数 k について，$f(x)$ が極値をとる点の個数が k となる確率を $P(k)$ とする．$P(k)$ を N，k を用いて表せ．

（2）　自然数 N と0以上の整数 k について，$f(x)$ が極大となる点の個数が k となる確率を $Q(k)$ とする．$Q(k)$ を N，k を用いて表せ．

（3）　$\sum_{k=0}^{N} kP(k)$，$\sum_{k=0}^{N} kQ(k)$ をそれぞれ N を用いて表せ．

（類　東京医科歯科大）

（3）の和が表題にある「期待値」です（すぐ後で，きちんと定義します）．実は簡単に求められるうまい解法があり，それを解説するのがこの講座の目的です．

とはいっても，高校の範囲から逸脱した話ではありません．

なお，▨は関連する事項の補足説明などです．

1. 期待値とは

まずは，期待値がどういう指標なのか，具体的に見ておきましょう．

総枚数が10,000枚の宝くじの当選金の内訳が右表のようになっているとします．このとき，当選金の総額は

等級	当選金	本数
1等	10,000円	1
2等	100円	1,000
3等	0円	8,999

$$10,000\times1+100\times1,000+0\times8,999=110,000 \text{（円）}$$

です．これを10,000枚の宝くじ1枚1枚に均等に割り振る（単純平均）と，

$$110,000\div10,000=11 \text{（円）}$$

になりますが，この11円は宝くじ1枚あたりに期待できる当選金だと考えられます．これが期待値です．この宝くじが1枚100円だとすると，1枚あたり89円損することが見込まれます．

各「宝くじ（に書かれた等級）」（根元事象）に対して，「当選金」（値）が対応します．この対応を確率変数といいます．上の計算は，

$$\frac{10000\times1+100\times1000+0\times8999}{10000}$$
$$=10000\times\frac{1}{10000}+100\times\frac{1000}{10000}+0\times\frac{8999}{10000}$$

と変形すれば，次のように解釈できます．

$$\sum_{k=1}^{3}(k\text{ 等の当選金})\times(k\text{ 等が出る確率})$$

当選金の，確率を重みとする平均です（加重平均）．

定義域が全事象で，各根元事象に対して実数値をとる関数を**確率変数**（random variable）といいます．

全事象 U の要素の個数を n とし，これらの根元事象は同様に確からしいとします．根元事象 A_1，…，A_n に対して，確率変数 X の値をそれぞれ a_1，…，a_n とおきます（関数らしく書くと $X(A_k)=a_k$）．事象 A が起こる確率を $P(A)$ で表すとき（$P(A_k)=1/n$），和

$$E(X)=\sum_{k=1}^{n}a_kP(A_k)=\frac{1}{n}\sum_{k=1}^{n}a_k \quad \cdots\cdots(\spadesuit)$$

を X の**期待値**（expectation），または X の**平均**といい

ます．

——**定理**（期待値の線形性）——

X，Y を確率変数，c を実数とする．次が成り立つ．

（ⅰ） $E(X+c)=E(X)+c$

（ⅱ） $E(cX)=cE(X)$

（ⅲ） $E(X+Y)=E(X)+E(Y)$

（ⅱ），（ⅲ）を E の線形性といい，Σ や $\int$ も同様の性質を持ちます．（ⅲ）を標語的に言えば，

和の期待値は期待値の和

です．後ほどこの“威力”を感じてもらいますが，証明は（♠）と Σ の性質だけで完了します．

［**証明**］ $X(A_k)=a_k$，$Y(A_k)=b_k$ とおく．（♠）より，

$$E(X+c)=\frac{1}{n}\sum_{k=1}^{n}(a_k+c)=\left(\frac{1}{n}\sum_{k=1}^{n}a_k\right)+c$$
$$=E(X)+c,$$
$$E(cX)=\frac{1}{n}\sum_{k=1}^{n}ca_k=c\cdot\frac{1}{n}\sum_{k=1}^{n}a_k=cE(X).$$

また，

$$E(X+Y)=\frac{1}{n}\sum_{k=1}^{n}(a_k+b_k)$$
$$=\frac{1}{n}\sum_{k=1}^{n}a_k+\frac{1}{n}\sum_{k=1}^{n}b_k=E(X)+E(Y).$$

➾**注1** $Y\equiv c$（恒等的に c）のとき，$E(Y)=c$ なので，（ⅰ）は（ⅲ）の特殊な場合です．

➾**注2** 一般には，$E(XY)\neq E(X)E(Y)$ です．X と Y が独立である，つまり，

$$P(X=x_i,\ Y=y_j)=P(X=x_i)P(X=y_j)$$

であるときは $E(XY)=E(X)E(Y)$ が成り立ちます．（ⅲ）は X と Y が独立でなくても，成り立ちます．

確率変数 X の値が x となる確率を $P(X=x)$ で表すとき，$P(X=x)$ は X の値から確率への関数と考えられますが，この関数を X の**確率分布**，または X の**分布**（distribution）といいます．逆に，確率分布が与えられているとき，確率変数 X はこの分布に**従う**といいます．

確率変数 X の取り得る値が a_1，…，a_m の m 個とするとき，（♠）は

$$E(X)=\sum_{k=1}^{m}a_kP(X=a_k)\quad\cdots\cdots\cdots(\diamondsuit)$$

となることがわかります．

▨**1** 教科書では（◇）を期待値の定義としています．具体的に和を計算するときはこちらの方が便利なことが多いのですが，定理の（ⅲ）を示すのが厄介になります．

▨**2** $\sum_{k=1}^{m}P(X=a_k)=1$ です（確率の総和は1）．

——**例題1**——

（1） サイコロを1回または2回ふり，最後に出た目の数を得点とするゲームを考える．1回ふって出た目を見た上で，2回目をふるか否かを決めるのであるが，どのように決めるのが有利であるか．

（2） 上と同様のゲームで，3回ふることも許されるとしたら，2回目，3回目をふるか否かの決定は，どのようにするのが有利か． （京大・文理共通）

「有利か」は，数学の問題にしては曖昧な要求に思うかもしれませんが，期待値を用いて戦略を立てよ，という主旨の問題です．

解 （1） 1回ふったときの目の期待値は，（♠）より，

$$\frac{1+2+3+4+5+6}{6}=\frac{21}{6}=\frac{7}{2}=3.5.$$

よって，次のようにするのが有利．

1回目の目が1，2，3ならば，2回目をふる．

1回目の目が4，5，6ならば，ふるのをやめる．

（2） （1）に従って，1回または2回ふるとき，

得点が1，2，3である確率はそれぞれ

$$\frac{3}{6}\cdot\frac{1}{6}=\frac{1}{12},$$

得点が4，5，6である確率はそれぞれ

$$\frac{1}{6}+\frac{3}{6}\cdot\frac{1}{6}=\frac{1}{4}.$$

このとき，得点の期待値は，（◇）より，

$$(1+2+3)\cdot\frac{1}{12}+(4+5+6)\cdot\frac{1}{4}=\frac{17}{4}=4.25.$$

よって，次のようにするのが有利（☞注）．

1回目の目が5，6ならば，ふるのをやめる．

1回目の目が1，2，3，4のときは2回目をふり，

2回目の目が1，2，3ならば，3回目をふる，

2回目の目が4，5，6ならば，ふるのをやめる．

➾**注** 2回目をふると，1回目に出た目は忘却されるので，3回目をどうするかは，2回目に出た目に応じて（1）と同じ戦略をとるのが有利です．

▨ 有利な目が出たら保留できるので，ふる回数が増えれば，得点の期待値は大きくなります．

——**例題2**——

2つのサイコロを投げて，出た目の数をそれぞれ a，b とする．a と b がともに偶数の場合は和 $a+b$ を得点とし，それ以外の場合は積 ab を得点とする．このとき，得点の期待値を求めよ． （類 学習院大・理）

（◇）に当てはめようと，何点がとり得るのか考えて，その得点をとる確率を考える…というのは面倒です．そこで，（♠）で求めます．得点を表にしましょう．

解　a, b の値ごとの得点は右表になる．この表の得点を各行毎に加えると，

a\b	1	2	3	4	5	6
1	1	2	3	4	5	6
2	2	4	6	6	10	8
3	3	6	9	12	15	18
4	4	6	12	8	20	10
5	5	10	15	20	25	30
6	6	8	18	10	30	12

$$21+36+63+60+105+84=369$$

となる．よって，得点の期待値は

$$\frac{369}{36}=\mathbf{\frac{41}{4}}\ (=10.25).$$

▨　期待値を求めたら，結果の妥当性を確認しておきたいところです（確率もですが）．表を見ると，得点は 1 から 30 の間です．得点の期待値が 0.1 や 35 になったら，いかなる理由があろうと間違いです．

2. 二項分布

1 回の試行で事象 A が起こる確率が p であり，各試行は独立であるとします．この試行を n 回繰り返すとき，確率変数 X を A が起こる回数と定めると，

$$P(X=k)={}_n\mathrm{C}_k p^k(1-p)^{n-k}$$

となります．この確率分布を**二項分布**（binomial distribution）といい，$B(n,\ p)$ で表します．

——**公式**（二項分布の期待値）——

確率変数 X が二項分布 $B(n,\ p)$ に従うとき，

$$E(X)=np.$$

［**証明**］（◇）より，

$$E(X)=\sum_{k=1}^{n}kP(X=k)=\sum_{k=1}^{n}k\,{}_n\mathrm{C}_k p^k(1-p)^{n-k}.$$

$k\,{}_n\mathrm{C}_k=n\,{}_{n-1}\mathrm{C}_{k-1}$ が成り立つので，

$$E(X)=\sum_{k=1}^{n}n\,{}_{n-1}\mathrm{C}_{k-1}p^k(1-p)^{n-k}$$

$$=np\sum_{k=1}^{n}{}_{n-1}\mathrm{C}_{k-1}p^{k-1}(1-p)^{n-1-(k-1)}.$$

二項定理より，

$$E(X)=np\{p+(1-p)\}^{n-1}=np.$$

▨　問題 1 の $P(k)$, $Q(k)$ は

$$\boldsymbol{P(k)=\frac{{}_{N-1}\mathrm{C}_k}{2^{N-1}},\quad Q(k)=\frac{{}_{N+1}\mathrm{C}_{2k+1}}{2^N}}$$

（ただし，$r<0$ または $r>n$ のとき ${}_n\mathrm{C}_r=0$ とする）

と表せますが（☞p.54），確率分布 $P(k)$ は二項分布 $B\left(N-1,\ \dfrac{1}{2}\right)$ なので，公式から，

$$\sum_{k=0}^{N}kP(k)=\sum_{k=1}^{N-1}kP(k)=\mathbf{\frac{N-1}{2}}$$

であることが直ちにわかります．

一方，$Q(k)$ の方は公式を用いて一撃，という訳にはいきそうもありません．次節で別の方向から考えます．

3. 期待値のスーパーテクニック

スーパーテクニックなどと少々煽り気味ですが，「定理」の効果的な利用法を紹介します．

——**例題 3**——

4 個のさいころを同時に投げるとき，出る目の種類の個数の期待値を求めよ．　（類　千葉大(後)・理）

まずは，（◇）に当てはめます．出る目が 1〜4 種類である確率をそれぞれ考えましょう．

解　4 個のさいころを区別した目の出方は

6^4 通り ……①　あり，これらは同様に確からしい．出る目の種類の個数ごとに①のうち何通りあるかを考える．

（ⅰ）　1 種類のとき，どの目が出るかの 6 通りある．

（ⅱ）　3 種類のとき，さいころ 2 個が同じ目．この 2 個の選び方は ${}_4\mathrm{C}_2$ 通り，目の決め方は 6 通り．残り 2 個の目の決め方は $5\cdot4$ 通り．よって，${}_4\mathrm{C}_2\cdot6\times5\cdot4$ 通りある．

（ⅲ）　4 種類のとき，$6\cdot5\cdot4\cdot3$ 通りある．

（ⅳ）　2 種類のときは，①から（ⅰ）〜（ⅲ）を引くと，

$$6^4-6-6^2\times5\cdot4-6\cdot5\cdot4\cdot3$$
$$=6^2(36-20-10)-6=6^3-6$$

となるので，210 通りある．

よって，種類の個数の期待値は

$$1\cdot\frac{6}{6^4}+2\cdot\frac{210}{6^4}+3\cdot\frac{6^2\cdot5\cdot4}{6^4}+4\cdot\frac{6\cdot5\cdot4\cdot3}{6^4}$$
$$=\frac{1+70+360+240}{6^3}=\mathbf{\frac{671}{216}}\ (=3.1\cdots).$$

次に，（♠）に当てはめると，右図の「種類の総和」÷①になります．

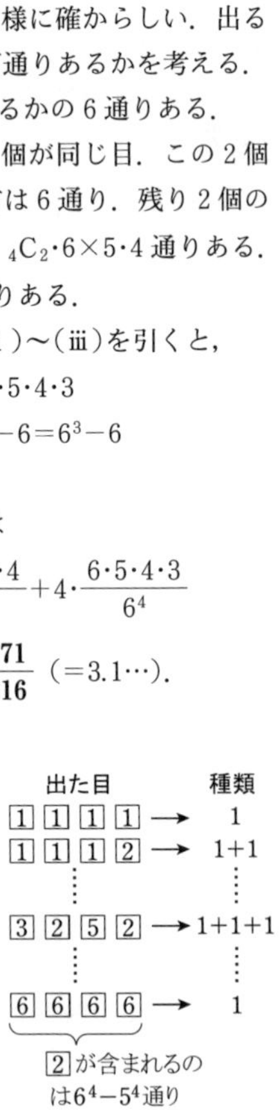

ところで，さいころの目②によって「種類」が+1 されるのは，「出た目」の中に②が少なくとも 1 個あるときで，①のうち 6^4-5^4 通りあります．これが「種類の総和」のうち②の寄与分になります．他の目のときも同様なので，「種類の総和」は $(6^4-5^4)\times6$ だとわかります．

種類の個数の総和を直接相手にする代わりに，その構成要素に分解したともいえます．このことを確率変数の言葉に翻訳すると，次のようになります．

別解　確率変数 X を出る目の種類の個数とする．また，確率変数 X_k $(k=1,\ \cdots,\ 6)$ を，

$$X_k=\begin{cases}1 & (k\text{ の目が少なくとも 1 個出るとき})\\ 0 & (k\text{ の目がでないとき})\end{cases}$$

と定める．すると，

$$X=X_1+X_2+X_3+X_4+X_5+X_6$$

であるから，定理の(iii)より，

$$E(X)=E(X_1+X_2+\cdots+X_6)$$
$$=E(X_1)+E(X_2)+\cdots+E(X_6).$$

いま，(◇)より，$k=1$，…，6 に対して，

$$E(X_k)=1\cdot P(X_k=1)+0\cdot P(X_k=0)$$
$$=P(X_k=1)=1-\frac{5^4}{6^4}$$

であるから，

$$E(X)=\left(1-\frac{5^4}{6^4}\right)\times 6=\frac{6^4-5^4}{6^3}=\mathbf{\frac{671}{216}}.$$

確率変数 X をより単純な確率変数 X_k の和に分割することで，大分ラクになりました．とくに，確率変数を

ある事象が起こるとき 1，起こらないとき 0

と設定すると，上手くいく問題は少なくありません．

では，問題 1 に応用してみましょう．

解　(3)　確率変数 X を $f(x)$ が極大値をとる点の個数と定める．また，確率変数 X_k を，

$$X_k=\begin{cases}1 & (f(x)\text{ が }x=k\text{ で極大をとるとき})\\ 0 & (\text{そうでないとき})\end{cases}$$

と定める．すると，

$$\sum_{k=0}^{N}kQ(k)=E(X),\quad X=X_0+\cdots+X_N.$$

よって，求めるのは $E(X)$ で，

$$E(X)=E(X_0)+\cdots+E(X_N).$$

$k=0$，…，N に対して，

$$E(X_k)=1\cdot P(X_k=1)+0\cdot P(X_k=0)=P(X_k=1).$$

いま，条件(i)，(iv)より

$$P(X_0=1)=0,\quad P(X_N=1)=0.$$

(ii)より，$P(X_k=1)$ ($k=1$，…，$N-1$) は k，$k+1$ 回目の試行で表・裏の順に出る確率で，$\frac{1}{2^2}$．従って，

$$E(X)=P(X_1=1)+\cdots+P(X_{N-1}=1)=\mathbf{\frac{N-1}{4}}.$$

▨　二項分布の「公式」も同様に証明することができます．**教科書ではこちらを採用**しています．

［**略証**］　確率変数 X_k を，k 回目に A が起こるとき $X_k=1$，起こらないとき $X_k=0$

と定めると，$X=X_1+\cdots+X_n$ であるから，

$$E(X)=E(X_1)+\cdots+E(X_n)$$
$$=P(X_1=1)+\cdots+P(X_n=1)=p\times n.$$

最後に，1 題だけですが，まとめの演習をしましょう．30 分を目途に取り組んで下さい．

問題 2　1 つのサイコロを続けて投げて，それによって a_n ($n=1$, 2, …) を以下のように定める．

出た目の数を順に c_1，c_2，… とするとき，
$1\leqq k\leqq n-1$ をみたすすべての整数 k に対し
$a_k\leqq c_n$ ならば $a_n=c_n$，それ以外のとき $a_n=0$
とおく．ただし，$a_1=c_1$ とする．

(1)　a_n の期待値を $E(n)$ とするとき，$\lim_{n\to\infty}E(n)$ を求めよ．

(2)　a_1，a_2，…，a_n のうち 2 に等しいものの個数の期待値を $N(n)$ とするとき，$\lim_{n\to\infty}N(n)$ を求めよ．　　(東大・理科)

(1)は(◇)に当てはめるのが簡単そうですが，(2)もそれだと難航は必至です．出題当時は難問の扱いでしたが，今となってしまえば….

解　(1)　$a_n=i$ ($n\geqq 2$, $i=1$, …, 6) となるのは，

$$1\leqq c_k\leqq i\ (1\leqq k\leqq n-1)\text{ かつ }c_n=i$$

のときで，確率は $\left(\frac{i}{6}\right)^{n-1}\cdot\frac{1}{6}$ ($n\geqq 1$)．よって，

$$E(n)=\sum_{i=1}^{6}\frac{i}{6}\left(\frac{i}{6}\right)^{n-1}=1+\sum_{i=1}^{5}\frac{i}{6}\left(\frac{i}{6}\right)^{n-1}.$$

$i=1$，…，5 のとき $0<\frac{i}{6}<1$ であるから，

$$\lim_{n\to\infty}E(n)=\mathbf{1}.$$

(2)　確率変数 X_k ($1\leqq k\leqq n$) を

$$a_k=2\text{ のとき }X_k=1,\quad a_k\neq 2\text{ のとき }X_k=0$$

と定めると，

$$N(n)=E(X_1+\cdots+X_n)=E(X_1)+\cdots+E(X_n)$$
$$=P(X_1=1)+\cdots+P(X_n=1).$$

ここで，(1)の過程より，

$$N(n)=\sum_{k=1}^{n}P(X_k=1)$$
$$=\sum_{k=1}^{n}\left(\frac{2}{6}\right)^{k-1}\cdot\frac{1}{6}=\frac{1}{6}\sum_{k=1}^{n}\left(\frac{1}{3}\right)^{k-1}$$
$$\therefore\quad \lim_{n\to\infty}N(n)=\frac{1}{6}\cdot\frac{1}{1-\frac{1}{3}}=\mathbf{\frac{1}{4}}.$$

▨　(2)「2」を「i」($i=1$, …, 5) に代えたときの期待値は $\frac{1}{6-i}$ です．「6」のときは発散しますが，6 の目が 1 度でも出ると，それ以降，a_n は 0 か 6 しか取り得ないためです（6 の目が出ることは何度でもあり得る)．

○p.50の問題1（1）（2）の解答

原題には，（1）の前に次の設問（0）がありました．

（0）　$N=8$ のとき，試行の結果が

「表，表，裏，裏，表，裏，裏，裏」

の順となったとき，$f(x)$ のグラフを描け．

以下，（0），（1），（2）の解答です．

解　**（0）**　定義（iii）に現れる $f(x)$ の式の右辺は，x の1次式であり，$x=n-1$ を代入すると $f(n-1)$，$x=n$ を代入すると $f(n)$ になることから，$n-1 \leqq x \leqq n$ における $f(x)$ のグラフは，2点 $(n-1,\ f(n-1))$，$(n,\ f(n))$ を結ぶ線分になる．

よって，$f(x)$ のグラフは次のようになる．

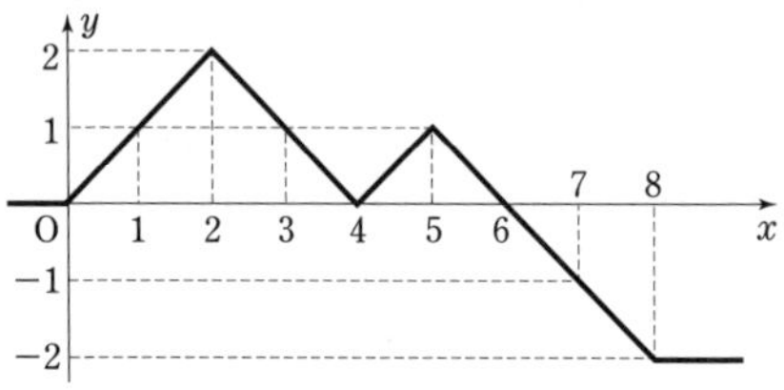

（1）　$f(x)$ が極値をとる x の値は，$x=1,\ 2,\ \cdots,\ N-1$ のいずれかであり，

$x=n$ で極大値をとるのは，n 回目に表，$n+1$ 回目に裏が出るとき

$x=n$ で極小値をとるのは，n 回目に裏，$n+1$ 回目に表が出るとき

である．また，$f(x)$ が極大値をとる x の値と極小値をとる x の値は交互に現れる．

よって，$f(x)$ が極値をとる点の個数が k となるとき，極値をとる x の値を $x_1,\ x_2,\ \cdots,\ x_k$（ただし，$1 \leqq x_1 < x_2 < \cdots < x_k \leqq N-1$）とすると，$x_1,\ x_2,\ \cdots,\ x_k$ の選び方が ${}_{N-1}\mathrm{C}_k$ 通りあり，$f(x_1)$ が極大値，極小値のいずれであるかが2通りあるから，求める確率は，

$$P(k)=\frac{{}_{N-1}\mathrm{C}_k \cdot 2}{2^N}=\boldsymbol{\frac{{}_{N-1}\mathrm{C}_k}{2^{N-1}}} \quad \cdots\cdots\cdots\cdots①$$

ただし，二項係数 ${}_m\mathrm{C}_r$ において，

$r<0$ または $r>m$ のとき，${}_m\mathrm{C}_r=0$ $\cdots\cdots\cdots\cdots②$

と定める．

（2）　$f(x)$ が極値をとる x の値を $x_1,\ x_2,\ \cdots,\ x_l$（ただし，$1 \leqq x_1 < x_2 < \cdots < x_l \leqq N-1$）とすると，

（ア）　$f(x_1)$ が極大値，$f(x_l)$ が極大値のとき

$l=2k-1$ であり，$x_1,\ x_2,\ \cdots,\ x_l$ の選び方は，

${}_{N-1}\mathrm{C}_{2k-1}$ 通り $\cdots\cdots\cdots\cdots\cdots\cdots\cdots\cdots③$

（イ）　$f(x_1)$ が極大値，$f(x_l)$ が極小値のとき

$l=2k$ であり，$x_1,\ x_2,\ \cdots,\ x_l$ の選び方は，

${}_{N-1}\mathrm{C}_{2k}$ 通り $\cdots\cdots\cdots\cdots\cdots\cdots\cdots\cdots④$

（ウ）　$f(x_1)$ が極小値，$f(x_l)$ が極大値のとき

$l=2k$ であり，$x_1,\ x_2,\ \cdots,\ x_l$ の選び方は，

${}_{N-1}\mathrm{C}_{2k}$ 通り $\cdots\cdots\cdots\cdots\cdots\cdots\cdots\cdots⑤$

（エ）　$f(x_1)$ が極小値，$f(x_l)$ が極小値のとき

$l=2k+1$ であり，$x_1,\ x_2,\ \cdots,\ x_l$ の選び方は，

${}_{N-1}\mathrm{C}_{2k+1}$ 通り $\cdots\cdots\cdots\cdots\cdots\cdots\cdots\cdots⑥$

②のように定めると，すべての0以上の整数 m，すべての整数 r に対して

$${}_m\mathrm{C}_r+{}_m\mathrm{C}_{r+1}={}_{m+1}\mathrm{C}_{r+1}$$

が成り立つから，③，④，⑤，⑥の和は，

$$({}_{N-1}\mathrm{C}_{2k-1}+{}_{N-1}\mathrm{C}_{2k})+({}_{N-1}\mathrm{C}_{2k}+{}_{N-1}\mathrm{C}_{2k+1})$$
$$={}_N\mathrm{C}_{2k}+{}_N\mathrm{C}_{2k+1}={}_{N+1}\mathrm{C}_{2k+1}$$

よって，求める確率は，$Q(k)=\boldsymbol{\frac{{}_{N+1}\mathrm{C}_{2k+1}}{2^N}}$

融合問題（数ⅠAⅡB）

入試では，複数の分野にまたがる（あるいは分野が不明な）問題が少なくありません．ここでは，数ⅠAⅡBの複数の分野にまたがる融合問題を取り上げます．融合問題とはいえ，あくまでも入試で頻出・典型的なものを対象にしました．なお，座標がらみの問題や，図形の分野不明問題（4番～7番）では，解答・解説でベクトル（数C）を用いました．ベクトルを学習した後に取り組んで下さい．

■ **例題と演習題**

◆1 図形量の最大・最小／相加・相乗平均

x を正の実数とする．座標平面上の3点 A(0, 1), B(0, 2), P(x, x) をとり，△APB を考える．x の値が変化するとき，∠APB の最大値を求めよ． （京大・理系）

角度の最大・最小をとらえるときは tan で cos で立式すると面倒になることが多い．tan でとらえる（tan の加法定理を利用する）のがよい．

相加・相乗平均で最大・最小を求める $x+\dfrac{a}{x}$ ($x>0$, a は正の定数)
の形の最小値は，相加・相乗平均の関係を用いると一発である．つまり，

$$x+\frac{a}{x}\geqq 2\sqrt{x\cdot\frac{a}{x}}=2\sqrt{a}\ \left(\text{等号は } x=\frac{a}{x}\text{，つまり } x=\sqrt{a}\text{ のとき}\right)$$

から，$x=\sqrt{a}$ のとき，最小値 $2\sqrt{a}$ を取ることが分かる．

x と $\dfrac{a}{x}$ は積が一定であるから，このようにうまく求まる．また，和が一定（a とする）である正の2数 x, y の積 xy の最大値も，$\sqrt{xy}\leqq\dfrac{x+y}{2}=\dfrac{a}{2}$（等号は $x=y=\dfrac{a}{2}$ のとき）から分かる．

分母 or 分子に変数を集める 分数式では，分母 or 分子に変数を集めると扱いやすくなる．

解 答

∠APB$=\theta$ とおく．右図のように，x 軸の正方向から $\overrightarrow{\mathrm{PA}}=\begin{pmatrix}-x\\1-x\end{pmatrix}$, $\overrightarrow{\mathrm{PB}}=\begin{pmatrix}-x\\2-x\end{pmatrix}$ へ反時計回りに測った回転角を α, β とする．$x>0$ により，$\theta=\alpha-\beta$ であるから，

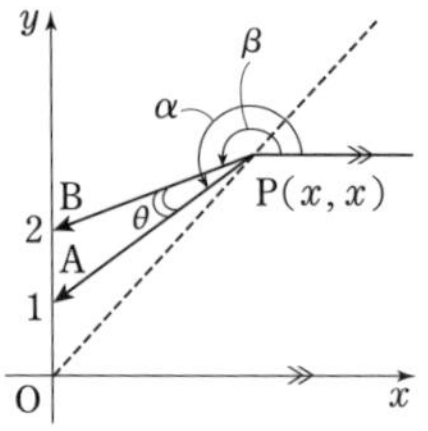

$$\tan\theta=\tan(\alpha-\beta)=\frac{\tan\alpha-\tan\beta}{1+\tan\alpha\tan\beta}$$

⇦ $\tan\alpha$ は PA の傾き $\dfrac{1-x}{-x}$

$$=\frac{\dfrac{1-x}{-x}-\dfrac{2-x}{-x}}{1+\dfrac{1-x}{-x}\cdot\dfrac{2-x}{-x}}\underset{①}{=}\frac{x}{2x^2-3x+2}\underset{②}{=}\frac{1}{2x-3+\dfrac{2}{x}}\ \cdots\cdots③$$

⇦①では，分母・分子に x^2 を掛けて整理．②では，分母・分子を x で割った．

ここで，$x>0$ により，〰〰に（相加平均）≧（相乗平均）が使えて，

$$2x+\frac{2}{x}\geqq 2\sqrt{2x\cdot\frac{2}{x}}=4\ \left(\text{等号は，} 2x=\frac{2}{x}\text{，つまり } x=1\text{ のとき成立}\right)$$

よって，③の分母の最小値は $4-3=1$ であるから，$\tan\theta\,(>0)$ の最大値は1である．θ は鋭角であるから，$\tan\theta=1$ のとき，θ は最大値 $\dfrac{\pi}{4}$ をとる．

⇨**注** 【図形的には】 △ABP の外接円が直線 $y=x$ に接するときの P を P_0 とすると，$P=P_0$ のとき ∠APB は最大となる．なぜなら，$P\neq P_0$ のとき，P は $\triangle ABP_0$ の外接円の外部の点で，$\angle APB<\angle AP_0B$（右図参照）となるからである．

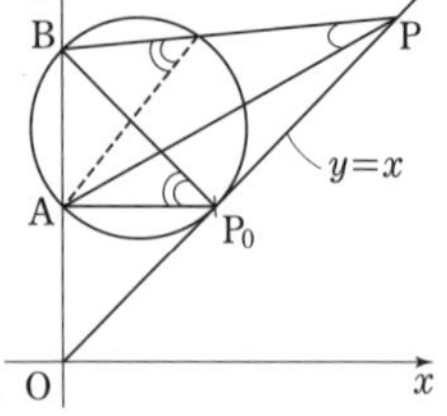

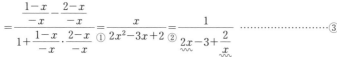

○1 演習題（解答は p.75）

AB$=5$, BC$=2\sqrt{15}$, AC$=7$ である △ABC において，辺 AB, 辺 AC 上にそれぞれ点 E, F をとる．△AEF$=\dfrac{1}{2}$△ABC であるとき，辺 EF の長さの最小値を求めよ．

（文教大・情報） AE, AF を変数にとる．

◆2 図形量の最大・最小／微分法など

半径 $r\ (0<r<1)$ の球が，底面の半径 1，高さ h の円錐に，図のように内接している．

（1） h を r を用いて表せ．

（2） 球の体積を V_1，円錐の体積を V_2 とするとき，$\dfrac{V_1}{V_2}$ を r を用いて表せ．

（3） $\dfrac{V_1}{V_2}$ の最大値と，そのときの r の値を求めよ．（立教大）

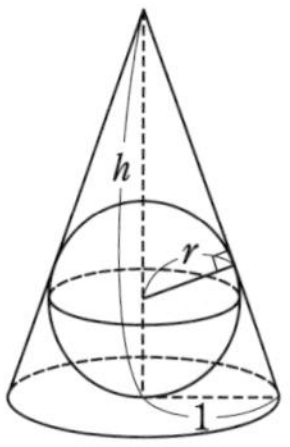

断面上で考える 立体図形の問題では，断面の上で考えるのが基本である．「○○に内接（外接）する△△」というときは，立体が面対称であることがほとんどで，対称面を切り口にするとうまくいくことが多い．特に，回転体の場合（例題はこれに該当する）は，回転軸を含む平面が対称面になる．

一つの文字を残す 例題では，(1)を用いて h を消去し，$\dfrac{V_1}{V_2}$ を r の関数とみて最大値を求める．r のとりうる値の範囲にも注意しよう．

解答

（1） 円錐の軸を含む平面での断面は，二等辺三角形とその内接円となる．円錐の頂点をP，球（断面での内接円）の中心をOとし，図のようにA，M，Hを定めると，

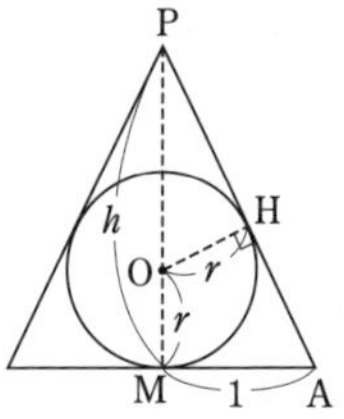

⇦円錐・球とも，円錐の軸を回転軸とする回転体である．円錐に球が内接しているので，断面は二等辺三角形とその内接円となる．

$\triangle PMA \backsim \triangle PHO$ より PA：AM＝PO：OH

よって　$PA \cdot OH = AM \cdot PO$ であり，

$$\sqrt{1+h^2}\cdot r = 1\cdot(h-r)$$

両辺平方して，$r^2(1+h^2)=h^2-2hr+r^2$

$\therefore\ r^2h^2-h^2+2hr=0$　　$\therefore\ h\{(r^2-1)h+2r\}=0$

従って，$\boldsymbol{h=\dfrac{2r}{1-r^2}}$

（2） $V_1=\dfrac{4}{3}\pi r^3$，$V_2=\dfrac{1}{3}\cdot\pi\cdot 1^2\cdot h=\dfrac{\pi}{3}\cdot\dfrac{2r}{1-r^2}$ だから，

$$\frac{V_1}{V_2}=\frac{\frac{4}{3}\pi r^3}{\frac{\pi}{3}\cdot\frac{2r}{1-r^2}}=\frac{4\pi r^3(1-r^2)}{\pi\cdot 2r}=\boldsymbol{2r^2(1-r^2)}$$

（3） $2r^2(1-r^2)=-2r^4+2r^2=-2\left(r^2-\dfrac{1}{2}\right)^2+\dfrac{1}{2}$ であるから，$\dfrac{V_1}{V_2}$ は

$r^2=\dfrac{1}{2}$ すなわち $\boldsymbol{r=\dfrac{1}{\sqrt{2}}}$（$0<r<1$ なので適する）のとき**最大値** $\boldsymbol{\dfrac{1}{2}}$ をとる．

◇2 演習題（解答は p.75）

半径 1 の球に内接する直方体を考える．これらの体積の最大値 M を求めたい．

（1） 直方体の 1 つの辺の長さを x と固定したときの直方体の体積の最大値 $V(x)$ を求めよ．

（2） M を求めよ．（玉川大）

直方体の対角線に着目する．

3 図形と三角関数

右の図のような，半径 1，中心角 60° の扇形に内接する長方形 ABCD がある．$\angle \mathrm{DOC}=\theta$ とおくとき長方形 ABCD の面積を θ を用いて表すと $\boxed{}$ となり，その面積は $\theta=\boxed{}$ のとき，最大値 $\boxed{}$ となる．

（藤田保健衛生大・衛生，中部大・工）

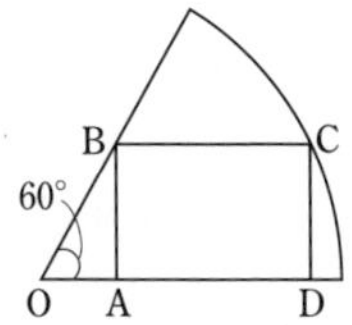

図形に三角関数を活用する　面積や長さの最大値や最小値をとらえる際，角度 θ を設定して立式する方が長さ x を設定するよりもやり易いことが少なくない．本問の場合，$\mathrm{AB}=x$ として長方形 ABCD の面積 S を x で表すのは困難である．円がらみの場合は，角度を設定して三角関数で表すとうまくいくことが多い．本問では θ を設定してくれている．

$\sin x$，$\cos x$ の 1 次式の最大・最小　合成でとらえられる．x の範囲に制限があるときは，cos で合成するのがお勧めである（☞本シリーズ「数Ⅱ」p.62）．

$\sin x$，$\cos x$ の 2 次式　$\sin^2 x=\dfrac{1-\cos 2x}{2}$，$\cos^2 x=\dfrac{1+\cos 2x}{2}$，$\sin x\cos x=\dfrac{\sin 2x}{2}$ を用いて，$\sin 2x$，$\cos 2x$ の 1 次式に直せる．この形に直せば合成を利用できる．

$\sqrt{1-\cos x}$　演習題では，立式によっては長さが無理式で表される．こんなときは，半角の公式 $\sin^2\dfrac{x}{2}=\dfrac{1-\cos x}{2}$，$\cos^2\dfrac{x}{2}=\dfrac{1+\cos x}{2}$ を使うと文字式の $\sqrt{}$ がはずれないかチェックしよう．

$\alpha+\beta$ が一定のとき　このとき，$\sin\alpha+\sin\beta$ や $\cos\alpha+\cos\beta$ の最大・最小をとらえるには，和→積の公式を活用する．

解　答

$\mathrm{AB}=\mathrm{DC}=\sin\theta$

$\mathrm{AD}=\mathrm{OD}-\mathrm{OA}=\mathrm{OD}-\dfrac{1}{\sqrt{3}}\mathrm{AB}=\cos\theta-\dfrac{1}{\sqrt{3}}\sin\theta$

⇦ $\mathrm{OA}:\mathrm{AB}=1:\sqrt{3}$ により $\mathrm{OA}=\dfrac{1}{\sqrt{3}}\mathrm{AB}=\dfrac{1}{\sqrt{3}}\sin\theta$

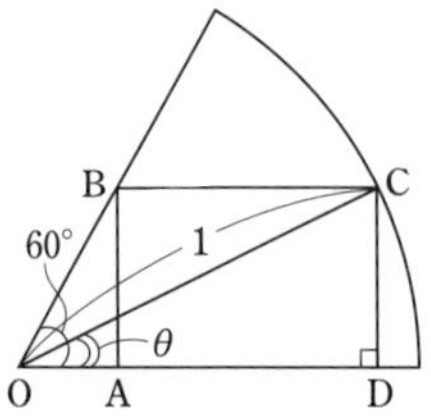

であるから，長方形 ABCD の面積を S とすると，

$$S=\mathrm{AB}\cdot\mathrm{AD}=\boldsymbol{\sin\theta\cos\theta-\frac{1}{\sqrt{3}}\sin^2\theta}$$

$$=\frac{1}{2}\sin 2\theta-\frac{1}{\sqrt{3}}\cdot\frac{1-\cos 2\theta}{2}=\frac{1}{\sqrt{3}}\left(\cos 2\theta\cdot\frac{1}{2}+\sin 2\theta\cdot\frac{\sqrt{3}}{2}\right)-\frac{1}{2\sqrt{3}}$$

$$=\frac{1}{\sqrt{3}}(\cos 2\theta\cos 60^\circ+\sin 2\theta\sin 60^\circ)-\frac{1}{2\sqrt{3}}=\frac{\sqrt{3}}{3}\cos(2\theta-60^\circ)-\frac{\sqrt{3}}{6}$$

ここで，$0^\circ<\theta<60^\circ$ により，$0^\circ<2\theta<120^\circ$ であるから，S は，$2\theta=60^\circ$，

すなわち，$\boldsymbol{\theta=30^\circ}$ のとき，最大値 $\dfrac{\sqrt{3}}{3}-\dfrac{\sqrt{3}}{6}=\boldsymbol{\dfrac{\sqrt{3}}{6}}$ をとる．

3 演習題（解答は p.76）

xy 平面内の半円周 $C: x^2+y^2=1$，$y\geqq 0$ 上に 2 点 $\mathrm{A}(1,\ 0)$，$\mathrm{B}(-1,\ 0)$ と 2 点 $\mathrm{S}(\cos\theta,\ \sin\theta)$，$\mathrm{T}(\cos t,\ \sin t)$ $(0<\theta<t<\pi)$ がある．

（1）　弧 AT 上を点 S が動くとき，弦 AS の長さと弦 ST の長さの和の最大値を t を用いて表せ．

（2）　3 つの弦 AS，ST，TB の長さの和を L とするとき，不等式 $L\leqq 3$ が成り立つことを示せ．また，この不等式において等号が成り立つときの θ と t の値を求めよ．

（京都工繊大）

（1）　弦の中点を活用．長さの和は，和→積の公式を使う．
（2）　角度を統一する．

4 円上の点のパラメータ表示

xy 平面上で，点 A$(-1,\ 0)$ を中心とする円 C_1 と点 B$(1,\ 0)$ を中心とする円 C_2 が原点 O で外接している．点 P は円 C_1 上を，点 Q は円 C_2 上を，それぞれ正の向きに回転する．今，P，Q が同時に原点を出発して，Q は P の 2 倍の速さで回転する．

（1） $\angle$OAP$=\theta$ とするとき，P，Q の座標をそれぞれ θ を用いて表せ．

（2） 線分 PQ の長さの最大値を求めよ． （静岡大・情，理，工）

曲線上の動点の表し方 放物線 $y=x^2$ のように，$C:y=f(x)$ の形で表される曲線 C 上の点は $(t,\ f(t))$ と 1 つの変数 t（パラメータ）を用いて表すことができる．円上の点も 1 つのパラメータで表せば扱い易くなることが多い．

円上の点のパラメータ表示 座標平面上で，中心 A$(a,\ b)$，半径 r の円上の点 P の座標の表し方を考える．x 軸の正方向から $\overrightarrow{\mathrm{AP}}$ へ反時計回りに測った回転角を θ とすると，$\overrightarrow{\mathrm{AP}}=r\begin{pmatrix}\cos\theta\\ \sin\theta\end{pmatrix}$ と表せる（右図参照）ので，

$$\overrightarrow{\mathrm{OP}}=\overrightarrow{\mathrm{OA}}+\overrightarrow{\mathrm{AP}}=\begin{pmatrix}a\\ b\end{pmatrix}+r\begin{pmatrix}\cos\theta\\ \sin\theta\end{pmatrix}\qquad \therefore\ \mathrm{P}(a+r\cos\theta,\ b+r\sin\theta)$$

このように，点 P はパラメータ θ を用いて表すことができる．

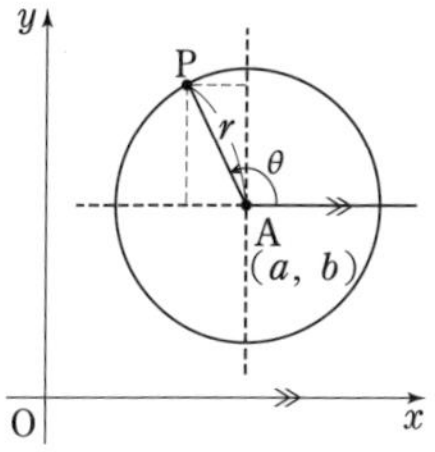

解答

（1） $\overrightarrow{\mathrm{AP}}=\begin{pmatrix}\cos\theta\\ \sin\theta\end{pmatrix}$ であるから，

$$\overrightarrow{\mathrm{OP}}=\overrightarrow{\mathrm{OA}}+\overrightarrow{\mathrm{AP}}=\begin{pmatrix}-1\\ 0\end{pmatrix}+\begin{pmatrix}\cos\theta\\ \sin\theta\end{pmatrix}$$

$\therefore$ **P$(-1+\cos\theta,\ \sin\theta)$**

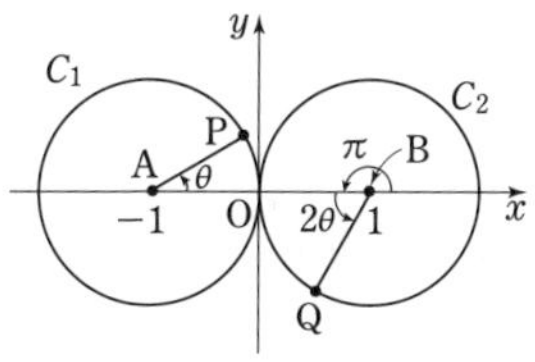

$$\overrightarrow{\mathrm{BQ}}=\begin{pmatrix}\cos(\pi+2\theta)\\ \sin(\pi+2\theta)\end{pmatrix}=\begin{pmatrix}-\cos2\theta\\ -\sin2\theta\end{pmatrix}\ から，$$

⇦ $\overrightarrow{\mathrm{BO}}$ から $\overrightarrow{\mathrm{BQ}}$ まで測った回転角が 2θ であるから，x 軸の正方向から $\overrightarrow{\mathrm{BQ}}$ まで測った回転角は $\pi+2\theta$ である．

$$\overrightarrow{\mathrm{OQ}}=\overrightarrow{\mathrm{OB}}+\overrightarrow{\mathrm{BQ}}=\begin{pmatrix}1\\ 0\end{pmatrix}+\begin{pmatrix}-\cos2\theta\\ -\sin2\theta\end{pmatrix}\qquad \therefore\ \mathbf{Q(1-\cos2\theta,\ -\sin2\theta)}$$

（2）
$$\begin{aligned}
\mathrm{PQ}^2&=(2-\cos2\theta-\cos\theta)^2+(-\sin2\theta-\sin\theta)^2\\
&=\{2-(\cos2\theta+\cos\theta)\}^2+(\sin2\theta+\sin\theta)^2\\
&=4-4(\cos2\theta+\cos\theta)+(\cos2\theta+\cos\theta)^2+(\sin2\theta+\sin\theta)^2\\
&=4-4(\cos2\theta+\cos\theta)+\underline{2+2(\cos2\theta\cos\theta+\sin2\theta\sin\theta)}\\
&=6-4(2\cos^2\theta-1+\cos\theta)+2\cos(2\theta-\theta)\\
&=-8\cos^2\theta-2\cos\theta+10=-8\left(\cos\theta+\frac{1}{8}\right)^2+\frac{81}{8}
\end{aligned}$$

⇦ $(\cos2\theta+\cos\theta)^2+(\sin2\theta+\sin\theta)^2$
$=\cos^2 2\theta+2\cos2\theta\cos\theta+\cos^2\theta$
$\quad+\sin^2 2\theta+2\sin2\theta\sin\theta+\sin^2\theta$
$=2+2(\cos2\theta\cos\theta+\sin2\theta\sin\theta)$

よって，PQ は，$\cos\theta=-\dfrac{1}{8}$ のとき**最大値** $\sqrt{\dfrac{81}{8}}=\mathbf{\dfrac{9\sqrt{2}}{4}}$ をとる．

4 演習題（解答は p.76）

（ア） 2 点 A$(3,\ 0)$，B$(0,\ 2)$ がある．原点を中心とする半径 1 の円周上を点 P が動くとき，$\mathrm{PA}^2+\mathrm{PB}^2$ の最大値は ☐ であり，そのときの点 P の x 座標は ☐ である． （名城大・理工）

（イ） 実数 $x,\ y$ が $x^2+y^2=1$ を満たすとき，$4x^2+4xy+y^2$ の最小値は ☐，最大値は ☐ である． （青山学院大・経）

（イ） $x^2+y^2=1$ を円の式と見て，$x=\cos\theta$，$y=\sin\theta$ と 1 つの変数 θ で表すのがよいだろう．

5 ベクトルの活用／90° 回転

放物線 $C: y=x^2$ 上に点 $\mathrm{P}(p,\ p^2)$ をとる．P における C の接線を l とする．l 上で x 座標が $p+1$ である点を Q とする．PQ を一辺とする正方形 PQRS を接線の上側にとる．

（1） Q，R の座標を p を用いて表すと，それぞれ［　　］，［　　］である．

（2） p が実数全体を動くときの R の軌跡の方程式は $y=$［　　］である． （京都産大・文系／一部略）

90° 回転したベクトル 正方形の 2 頂点の座標がわかっていて残りの頂点の座標を求める，というようなときは，90° 回転したベクトルを利用するとよい．一般に，ベクトル $\begin{pmatrix} x \\ y \end{pmatrix}$ に垂直で大きさが等しいベクトルは $\pm\begin{pmatrix} -y \\ x \end{pmatrix}$ である（垂直であることは内積を計算すればわかる．大きさはともに $\sqrt{x^2+y^2}$）．なお，複号の＋の方が 90° 回転（左回り），－の方が －90°（右回りに 90°）回転である．
（図は $x>0$，$y>0$ の場合であるが，それ以外のときも成立．）

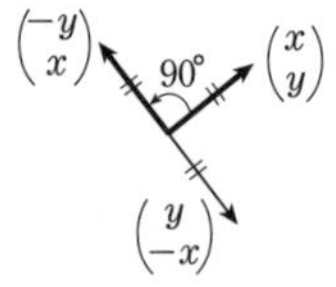

解 答

（1） $C: y=x^2$ のとき $y'=2x$ だから，$\mathrm{P}(p,\ p^2)$ における接線の傾きは $2p$ である．Q の x 座標が $p+1$，すなわち $\overrightarrow{\mathrm{PQ}}$ の x 成分が 1 だから $\overrightarrow{\mathrm{PQ}}=\begin{pmatrix} 1 \\ 2p \end{pmatrix}$ となり，

$\overrightarrow{\mathrm{OQ}}=\overrightarrow{\mathrm{OP}}+\overrightarrow{\mathrm{PQ}}$ により，

Q の座標は $\mathbf{Q}(\boldsymbol{p+1},\ \boldsymbol{p^2+2p})$

正方形 PQRS は接線 l の上側にあるから，$\overrightarrow{\mathrm{QR}}$ は $\overrightarrow{\mathrm{PQ}}$ を 90° 回転したベクトルであり，$\overrightarrow{\mathrm{QR}}=\begin{pmatrix} -2p \\ 1 \end{pmatrix}$

となる．従って $\overrightarrow{\mathrm{OR}}=\overrightarrow{\mathrm{OQ}}+\overrightarrow{\mathrm{QR}}=\begin{pmatrix} p+1 \\ p^2+2p \end{pmatrix}+\begin{pmatrix} -2p \\ 1 \end{pmatrix}=\begin{pmatrix} -p+1 \\ p^2+2p+1 \end{pmatrix}$ であり，

R の座標は $\mathbf{R}(\boldsymbol{-p+1},\ \boldsymbol{p^2+2p+1})$

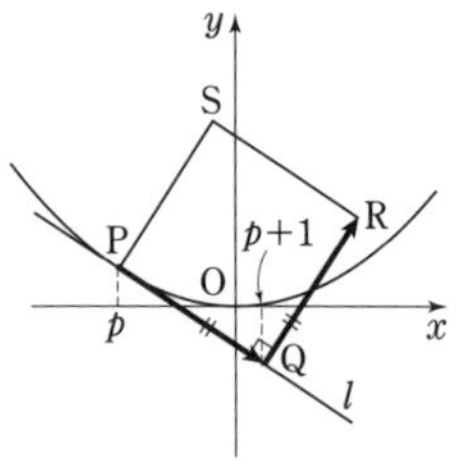

⇦一般に，傾き m の直線について右のようになる．

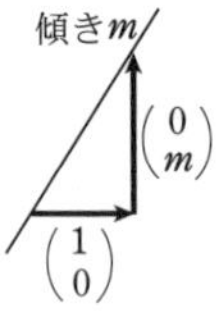

⇦$\pm\begin{pmatrix} -2p \\ 1 \end{pmatrix}$ のどちらが $\overrightarrow{\mathrm{QR}}$ になるかを考えるとき，符号を見るとよい．図から，$\overrightarrow{\mathrm{QR}}$ の y 成分は正，よって，複号は＋の方が適する．

（2） $\mathrm{R}(x,\ y)$ とおくと，$x=-p+1$ ……①，$y=p^2+2p+1=(p+1)^2$ ……②

①より $p=1-x$ だから，②に代入して，$y=(2-x)^2$

よって，R の軌跡の方程式は $\boldsymbol{y=(x-2)^2}$ $(=x^2-4x+4)$

⇦p が実数全体を動くとき x は実数全体を動くから R の軌跡はこの放物線全体になる．

5 演習題（解答は p.77）

$0<r<1$ とし，点 O を原点とする xy 平面において，3 点 O，A(2, 0)，B(0, $2r$) を頂点とする三角形 OAB と，互いに相似な 3 つの二等辺三角形 O′AB，A′OB，B′OA を考える．ここで，辺 AB，OB，OA はそれぞれ二等辺三角形の底辺であり，点 O′ は直線 AB に対して点 O と反対側に，点 A′ は第 2 象限に，点 B′ は第 4 象限に，それぞれあるとする．$t=\tan\angle\mathrm{A'OB}$ とおく．次の問いに答えよ．

（1） 点 A′，B′ の座標を，r，t の式で表せ．

（2） 直線 AA′，および直線 BB′ の方程式を $ax+by=c$ の形で求めよ．

（3） 2 直線 AA′ と BB′ の交点を $\mathrm{M}(x_0,\ y_0)$ とする．比 $\dfrac{y_0}{x_0}$ を r，t の式で表せ．

（4） 点 O′ の座標を r，t の式で表し，3 直線 AA′，BB′，OO′ が 1 点で交わることを示せ．

（金沢大・理系）

（3） x_0 と y_0 を求める必要はない．消すべき文字は？
（4） AB の中点を N とすると，$\overrightarrow{\mathrm{NO'}}$ は $\overrightarrow{\mathrm{BA}}$ に垂直なベクトル，$\overrightarrow{\mathrm{BA}}$ を 90°回転して長さを調節する．後半は(3)を利用しよう．

6 ベクトルの活用／条件のとらえ方

四面体OABCがある．辺OAを2:1に外分する点をDとし，辺OBを3:2に外分する点をEとし，辺OCを4:3に外分する点をFとする．点Pは辺ABの中点であり，点Qは線分EC上にあり，点Rは直線DF上にある．3点P，Q，Rが一直線上にあるとき，線分の長さの比EQ：QCおよびPQ：QRを求めよ．（京都工繊大）

（ベクトルの活用）問題文にベクトルが現れない図形問題でも，『ベクトルを使うとよいのでは』という意識をもっておこう．『一直線上にある』という条件はベクトルでとらえるのが明快なことが多い．また，長さを処理するときも，ベクトルを使うと機械的に処理できることが少なくない．ベクトルを活用するときは，どこを始点にしたらよいのか，も考えよう．

解答

Oを始点とするベクトルを $\overrightarrow{OA}=\vec{a}$ などとおく．

⇦OA，OB，OCを外分する点が現れるので，Oを始点とするベクトルを考える．

右図のようになるから，

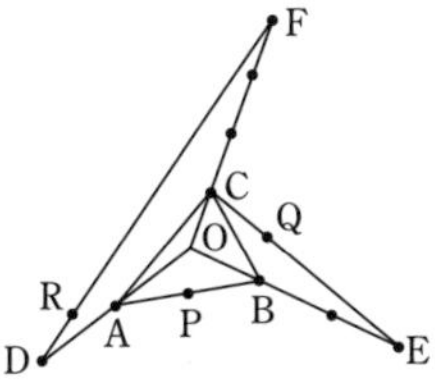

$$\vec{d}=2\vec{a},\ \vec{e}=3\vec{b},\ \vec{f}=4\vec{c},\ \vec{p}=\frac{\vec{a}+\vec{b}}{2}$$

Qは線分EC上，Rは直線DF上にあるから，

$\overrightarrow{OQ}=(1-s)\overrightarrow{OE}+s\overrightarrow{OC}=3(1-s)\vec{b}+s\vec{c}$　⇦$0\leqq s\leqq 1$

$\overrightarrow{OR}=(1-t)\overrightarrow{OD}+t\overrightarrow{OF}=2(1-t)\vec{a}+4t\vec{c}$　⇦tは実数

と表せる．P，Q，Rが一直線上にあるから，$\overrightarrow{PQ}/\!/\overrightarrow{PR}$ である．ここで，

$$\overrightarrow{PQ}=\vec{q}-\vec{p}=-\frac{1}{2}\vec{a}+\left(\frac{5}{2}-3s\right)\vec{b}+s\vec{c}=\frac{1}{2}\{-\vec{a}+(5-6s)\vec{b}+2s\vec{c}\}$$

$$\overrightarrow{PR}=\vec{r}-\vec{p}=\left(\frac{3}{2}-2t\right)\vec{a}-\frac{1}{2}\vec{b}+4t\vec{c}=\frac{1}{2}\{(3-4t)\vec{a}-\vec{b}+8t\vec{c}\}$$

$\vec{a}$，$\vec{b}$，$\vec{c}$ は1次独立であるから，係数の比が等しい．よって，

⇦$\overrightarrow{PQ}=x_1\vec{a}+y_1\vec{b}+z_1\vec{c}$，$\overrightarrow{PR}=x_2\vec{a}+y_2\vec{b}+z_2\vec{c}$ において，$\overrightarrow{PQ}/\!/\overrightarrow{PR}$ のとき $x_1:x_2=y_1:y_2=z_1:z_2$

$(-1):(3-4t)=(5-6s):(-1)$　かつ　$(-1):(3-4t)=2s:8t$

$\therefore\ (3-4t)(5-6s)=1$ ……①　かつ　$s(3-4t)=-4t$ ……②　⇦$(-1):(3-4t)=s:4t$

①により，$5-6s=\dfrac{1}{3-4t}$　$\therefore\ s=\dfrac{5}{6}-\dfrac{1}{6(3-4t)}$ ……③．②に代入して　⇦①$+6\times$②からsを消去できる．

$\dfrac{5}{6}(3-4t)-\dfrac{1}{6}=-4t$　$\therefore\ \dfrac{4}{6}t+\dfrac{14}{6}=0$　$\therefore\ t=-\dfrac{7}{2}$　$\therefore\ s=\dfrac{14}{17}$　⇦③に代入した．

$0<s<1$ であるから，Qは線分EC上にあり，

$$EQ:QC=s:(1-s)=\mathbf{14:3}$$

また，$\overrightarrow{PQ}$，$\overrightarrow{PR}$ の $\vec{a}$ の係数はそれぞれ $-\dfrac{1}{2}$，$\dfrac{17}{2}$ であるから，$\overrightarrow{PR}=-17\overrightarrow{PQ}$　⇦

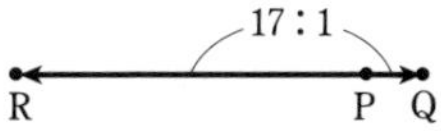

よって，$PQ:QR=1:(1+17)=\mathbf{1:18}$

6 演習題（解答は p.77）

四面体ABCDにおいて，$AB^2+CD^2=BC^2+AD^2=AC^2+BD^2$，$\angle ADB=90°$ が成り立っている．三角形ABCの重心をGとする．

（1）$\angle BDC$ を求めよ．

（2）$\dfrac{\sqrt{AB^2+CD^2}}{DG}$ の値を求めよ．（千葉大・教，理，工，園芸，薬）

（2）を見越して，ベクトルを使うと機械的に処理できる．どこを始点にするか？

7 ベクトルの活用／図形の証明

四角形 ABCD の各辺の中点を図のように P，Q，R，S とする．また，線分 PR と QS の交点を T とする．

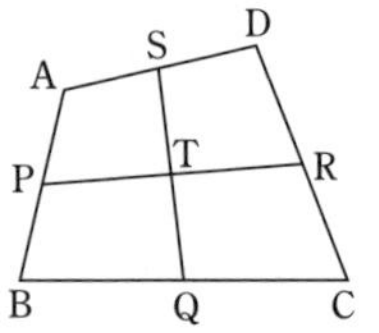

（1） T は線分 PR の中点であることを示せ．

（2） 三角形 ABC の重心を D′ としたとき，3 点 D，T，D′ は一直線上にあることを示せ．

（3） 三角形 ABD，ACD，BCD の重心をそれぞれ C′，B′，A′ とする．このとき，四角形 A′B′C′D′ は四角形 ABCD に相似であることを示し，四角形 ABCD の面積と四角形 A′B′C′D′ の面積の比を求めよ．　（広島大・総合科学－後／一部略）

ベクトルの活用 図形の証明では，ベクトルの活用も考えよう．ベクトルを使って，それほど面倒な計算をせずに解決することが多い．

対等性の活用 本問の場合，A～D が対等である．この場合，点 O を始点とするベクトルを考えると対等性が生かせる（O は勝手に 1 つ決める）．

解答

点を 1 つとり O とする．O を始点とするベクトルを $\overrightarrow{OA}=\vec{a}$ などとおく．

（1） PR の中点を T_1，QS の中点を T_2 とおくと，

⇦PR の中点と QS の中点が一致することを示せば OK

$$\vec{t_1}=\frac{\vec{p}+\vec{r}}{2}=\frac{1}{2}\left(\frac{\vec{a}+\vec{b}}{2}+\frac{\vec{c}+\vec{d}}{2}\right)=\frac{1}{4}(\vec{a}+\vec{b}+\vec{c}+\vec{d})$$

$$\vec{t_2}=\frac{\vec{q}+\vec{s}}{2}=\frac{1}{2}\left(\frac{\vec{b}+\vec{c}}{2}+\frac{\vec{a}+\vec{d}}{2}\right)=\frac{1}{4}(\vec{a}+\vec{b}+\vec{c}+\vec{d})=\vec{t_1}$$

よって，$T_1=T_2=T$ であるから，T は PR の中点である．

⇦$T_1=T_2$ であるから，PR と QS は $T_1=T_2$ で交わり，この点が T である．

（2） $\overrightarrow{TD}=\vec{d}-\vec{t}=\vec{d}-\frac{1}{4}(\vec{a}+\vec{b}+\vec{c}+\vec{d})=\frac{1}{4}(-\vec{a}-\vec{b}-\vec{c}+3\vec{d})$

$\overrightarrow{TD'}=\vec{d'}-\vec{t}=\frac{1}{3}(\vec{a}+\vec{b}+\vec{c})-\frac{1}{4}(\vec{a}+\vec{b}+\vec{c}+\vec{d})=-\frac{1}{12}(-\vec{a}-\vec{b}-\vec{c}+3\vec{d})$

⇦D′ は △ABC の重心だから，$\vec{d'}=\frac{1}{3}(\vec{a}+\vec{b}+\vec{c})$

よって，$\overrightarrow{TD'}=-\frac{1}{3}\overrightarrow{TD}$ ……① であるから，D，T，D′ は一直線上にある．

（3） ①により，T を中心に D を逆向きに $\frac{1}{3}$ 倍に縮小した点が D′ である．A′，B′，C′ も同様．よって，⏢A′B′C′D′ は，T を中心に ⏢ABCD を逆向きに $\frac{1}{3}$ 倍に相似縮小したものであるから，⏢ABCD と相似である．面積比は，

⏢ABCD：⏢A′B′C′D′$=3^2：1^2=$**9：1**

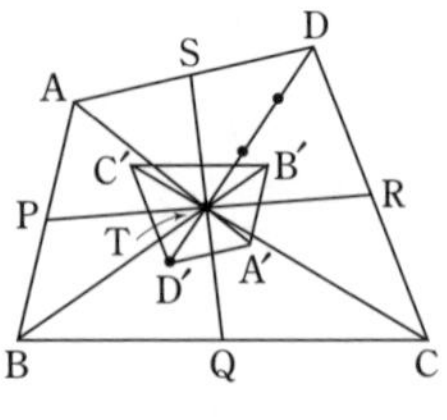

⇦D_1 を $\overrightarrow{TD_1}=-\overrightarrow{TD}$ を満たす点とすると，D_1 は T を中心に点対称移動（180° 回転）した点であり，T を中心に D_1 を 1/3 倍に縮小した点が D′ である．

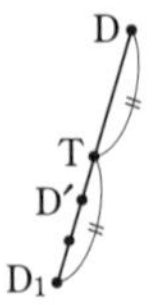

7 演習題（解答は p.78）

四面体 OABC において，三角形 ABC の重心を G とし，線分 OG を $t：1-t\,(0<t<1)$ に内分する点を P とする．また，直線 AP と面 OBC との交点を A′，直線 BP と面 OCA との交点を B′，直線 CP と面 OAB との交点を C′ とする．このとき三角形 A′B′C′ は三角形 ABC と相似であることを示し，相似比を t で表せ．　（京大－後）

A，B，C が対等である．

8 座標平面／不等式への応用

$x^2+y^2 \leqq a^2$ ……① をみたす任意の実数 x, y に対して $|x+y|+|x-y| \leqq b$ ……② が成り立つとき，正の定数 a, b の満たす条件を求めよ．（信州大・経済／改題）

2変数の不等式の条件・命題は，座標平面でとらえる 既に本シリーズでは「数Ｉ」p.77 で学習していることだが，x, y に関する不等式 $f(x,\ y) \leqq 0$, $g(x,\ y) \leqq 0$ について，「$f(x,\ y) \leqq 0 \Longrightarrow g(x,\ y) \leqq 0$」という命題が真ということは，$xy$ 平面上で，領域 $f(x,\ y) \leqq 0$ が領域 $g(x,\ y) \leqq 0$ に含まれることを表している．そして，不等式どうしの関係をこのように図形的に見ることで，数式だけで考えていたのではかなり煩雑で難しい問題が，ずいぶんと考えやすくなる．

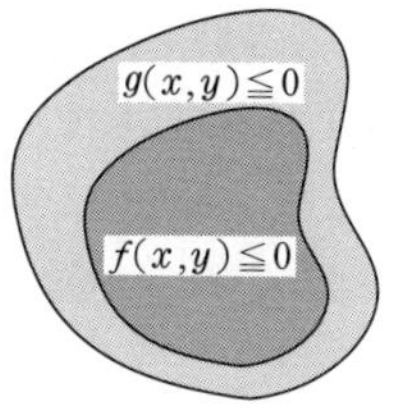

解 答

与えられた不等式②について，

（ｉ） $x+y \geqq 0$ かつ $x-y \geqq 0$ のときは，

$$② \iff (x+y)+(x-y) \leqq b \iff x \leqq \frac{b}{2}$$

（ii） $x+y \geqq 0$ かつ $x-y \leqq 0$ のときは，

$$② \iff (x+y)-(x-y) \leqq b \iff y \leqq \frac{b}{2}$$

（iii） $x+y \leqq 0$ かつ $x-y \leqq 0$ のときは，

$$② \iff -(x+y)-(x-y) \leqq b \iff x \geqq -\frac{b}{2}$$

（iv） $x+y \leqq 0$ かつ $x-y \geqq 0$ のときは，

$$② \iff -(x+y)+(x-y) \leqq b \iff y \geqq -\frac{b}{2}$$

⇦不等式②について，$x+y$ と $x-y$ の符号によって，4通りに場合分け．

なお，対称性に着目すると，4通りをマトモに計算せずに済む．

まず，②で x を $-x$ に替えても式の形が変わらないので，②の表す領域は y 軸に関して対称．

次に，②で x と y とを入れ替えても式の形が変わらないので，②の表す領域は直線 $y=x$ に関して対称．

よって，解答の(ｉ)の場合の領域が得られれば，(ii)～(iv)の領域も計算抜きで得られる．

以上より，xy 平面上で②は，右図の網目部のような正方形の内部（周を含む）を表す．

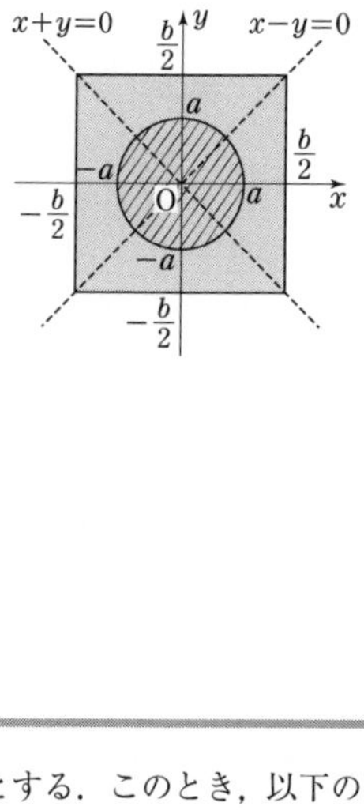

他方，不等式①は，原点を中心とする半径 a の円板（周を含む）を表す．よって，「① $\Longrightarrow$ ②」となる条件は，①の円板が②の内部（周を含む）に含まれることである．

よって，求める条件は，$a \leqq \frac{b}{2}$，すなわち，

$$\boldsymbol{2a \leqq b}$$

8 演習題（解答は p.79）

定数 a, b に対して $f(x)=2\cos x(2a\sin x+b\cos x)$ とする．このとき，以下の問いに答えよ．

（１） $f(x)$ を $\sin 2x$ と $\cos 2x$ を用いて表せ．

（２） すべての実数 x に対して $f(x) \leqq 1$ が成り立つような定数 a, b の条件を求め，その条件を満たす点 $(a,\ b)$ の範囲を図示せよ．

（３） $a^2+b^2 \leqq R$ を満たす a, b については，すべての実数 x に対して $f(x) \leqq 1$ が成り立つとする．このような R の最大値を求めよ．（愛知教大）

（２） 合成する．
（３） ab 平面で考える．

9 図形と漸化式

平面上に半径 r_1 の円 C_1 がある．円 C_1 の外部の点 O から 2 つの接線を引き，その接点をそれぞれ A，B とする．$\angle$AOB$=60^\circ$ のとき，

（1） 直線 OA，OB および円 C_1 に接する円を C_2 とし，その半径を r_2 とする．r_2 を r_1 を用いて表しなさい．ただし，$r_1>r_2$ とする．

（2） 同様にして，OA，OB および円 C_{k-1} に接する円 C_k を順に定め，その半径を r_k とする（$k=3$，4，…，n）．r_n を r_1 を用いて表しなさい．ただし，$r_1>r_2>r_3>\cdots>r_n$ とする．

（3） これら n 個の円 C_1，C_2，C_3，…，C_n の面積の総和を r_1 を使って表しなさい．

（明治学院大・社，法，心理／一部略）

接する 2 円と漸化式 連続して外接する円（半径は r_k）について，r_k の漸化式を立てたい場合は，n 番目の円の中心 O_n と $n+1$ 番目の円の中心 O_{n+1} との距離 r_n+r_{n+1} を r_n と r_{n+1} で表して，r_{n+1} と r_n の漸化式を求めるとよい．なお，C_n と C_{n+1} が外接する条件は，$O_nO_{n+1}=r_n+r_{n+1}$ である．

解 答

（1） C_1，C_2 の中心をそれぞれ O_1，O_2 とし，O_2 から OA，O_1A に下ろした垂線の足を D，E とする．

O_2E∥OA であり，OO_1 が $\angle$AOB の二等分線なので

$\angle EO_2O_1=\angle AOO_1=60^\circ\div2=30^\circ$

である．$O_1O_2\sin30^\circ=O_1E$ より，

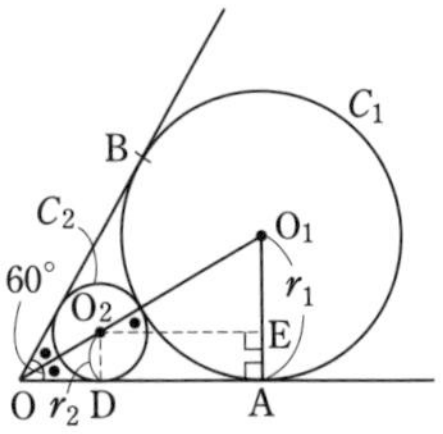

⇦直角三角形 O_1O_2E に着目

$(r_1+r_2)\sin30^\circ=r_1-r_2$ $\quad\therefore\ r_1+r_2=2(r_1-r_2)$

$\therefore\ 3r_2=r_1 \quad \therefore\ \boldsymbol{r_2=\dfrac{r_1}{3}}$

（2） O_1 を O_{k-1}，O_2 を O_k とすれば，同じ構図になるので，$r_k=\dfrac{r_{k-1}}{3}$ $\quad\therefore\ \boldsymbol{r_n=\left(\dfrac{1}{3}\right)^{n-1}r_1}$

⇦$\{r_n\}$ は公比 $\dfrac{1}{3}$ の等比数列

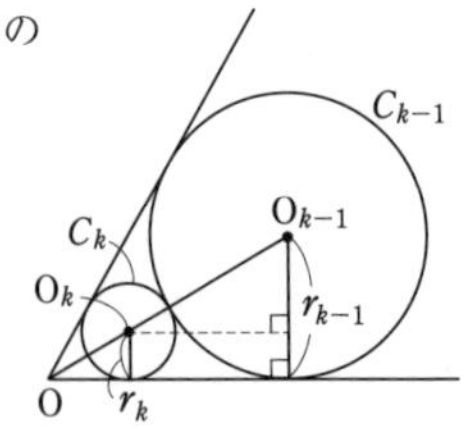

（3） 求める面積は，

$$\sum_{k=1}^{n}\pi r_k{}^2=\sum_{k=1}^{n}\left(\frac{1}{3}\right)^{2(k-1)}\pi r_1{}^2=\pi r_1{}^2\sum_{k=1}^{n}\left(\frac{1}{9}\right)^{k-1}$$

$$=\pi r_1{}^2\cdot\frac{1-(1/9)^n}{1-(1/9)}=\boldsymbol{\frac{9\pi r_1{}^2}{8}\left(1-\frac{1}{9^n}\right)}$$

⇦$\displaystyle\sum_{k=1}^{n}r^{k-1}=\frac{1-r^n}{1-r}$ $(r\neq1)$

➡**注** 相似な図形がくり返す構図では，等比数列が現れる．

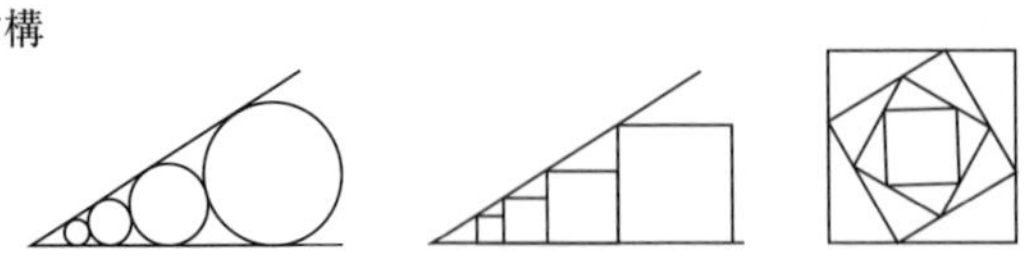

9 演習題（解答は p.79）

中心が y 軸上にある半径 r_1 の円 C_1 が放物線 $y=x^2$ に 2 点で接している．C_n（$n=2$，3，…）は y 軸上に中心を持ち，放物線 $y=x^2$ に接する半径 r_n（$n=2$，3，…）の円で，C_{n-1} と図のように外接している．$r_1=1$ とするとき，r_n を n の関数で表せ．

（名古屋市大・医）

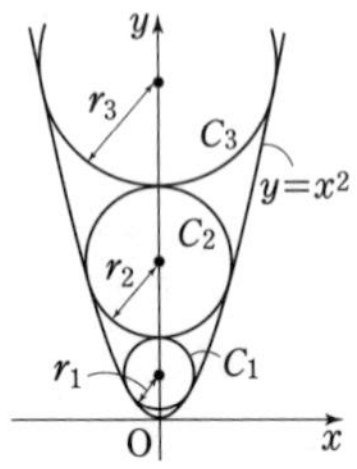

円の中心の y 座標を a_n とおいて，a_n を r_n で表そう．この場合，$\{r_n\}$ は等比数列にはならないことに注意．

10 格子点の数え上げ

（1） 不等式 $|x|+2|y|\leqq 4$ の表す領域を D とする．領域 D 内の格子点（$(x,\ y)$ の両座標とも整数となる点）は［　　］個ある．

（2） n を自然数として，不等式 $|x|+2|y|\leqq 2n$ の表す領域を F とする．領域 F 内の格子点の総数は［　　］個である．（早大・スポーツ）

格子点の利用 座標平面上の点で，x 座標，y 座標ともに整数値をとる点を格子点という．演習題のような，条件を満たす2つの整数の組を数え上げる問題では，条件を座標平面上に図示し，これに含まれる格子点を数え上げればよい．問題が視覚化されて考えやすくなる．

1つを止める 条件を満たす整数の組（$x,\ y$）を数え上げる問題では，一度に2つの変数を動かすのではなく，まず1つの変数，例えば x を固定し（$x=k$ とおき），そのときに条件を満たす y の個数を数え上げる（k で表す）．xy 平面上の格子点を数え上げる問題におきかえると，これは，条件を満たす領域を直線 $x=k$ で切って考えていることに相当する．なお，例題のように，x ではなく y の方を固定して，数え上げた方が手早いこともある．領域の形を見て判断するとよい．

変数が3個になって，条件を満たす整数の組（$x,\ y,\ z$）を数え上げる問題でも，まず1文字（例えば z）を固定して考えるという方針がよい．

解答

（1） D は図のようになる．

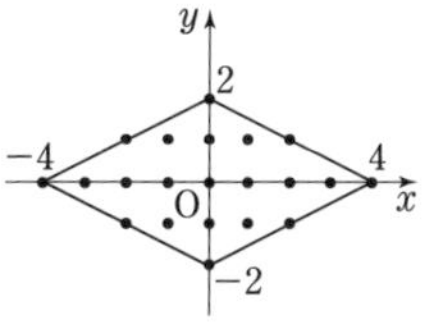

$y=\pm 2$ 上に各1個．$y=\pm 1$ に各5個．

$y=0$ 上に9個．

よって，全部で，$(1+5)\times 2+9=\mathbf{21}$ 個

⇦図示の仕方は，本シリーズ「数Ⅰ」p.71を参照．

（2） F は右図のようになる．

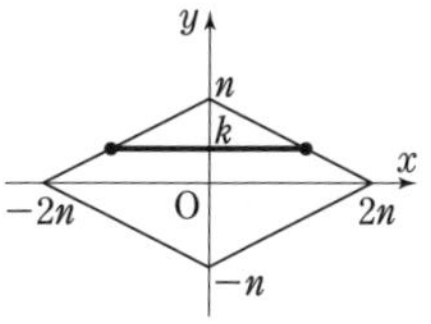

$y>0$ の部分の個数を N_1，$y=0$ の部分の個数を N_2 とすると，対称性より求める個数は，$2N_1+N_2$（個）である．

$y=k$（$k=0,\ 1,\ \cdots,\ n$）上の格子点の個数は，

$|x|+2k\leqq 2n$ 　∴ $|x|\leqq 2n-2k$

∴ $-(2n-2k)\leqq x\leqq 2n-2k$

より，$2(2n-2k)+1=4(n-k)+1$（個）…①

あるので，

⇦$x=k$ で切ると，k の奇偶による場合分けが生じて面倒．

$$N_1=\sum_{k=1}^{n}\{4(n-k)+1\}=4\sum_{k=1}^{n}(n-k)+n$$

$$=4\{(n-1)+(n-2)+\cdots+1+0\}+n=4\cdot\frac{1}{2}(n-1)n+n=2n^2-n$$

⇦$\displaystyle\sum_{k=1}^{n}(n-k)=n^2-\frac{1}{2}n(n+1)=\frac{1}{2}n^2-\frac{1}{2}n$ としてもよい．

①で，$k=0$ として，$N_2=4n+1$

よって，$2N_1+N_2=2(2n^2-n)+4n+1=\mathbf{4n^2+2n+1}$（個）

10 演習題（解答は p.80）

（1） k を0以上の整数とするとき，$\dfrac{x}{3}+\dfrac{y}{2}\leqq k$ を満たす0以上の整数 $x,\ y$ の組（$x,\ y$）の個数を a_k とする．a_k を k の式で表せ．

（2） n を0以上の整数とするとき，$\dfrac{x}{3}+\dfrac{y}{2}+z\leqq n$ を満たす0以上の整数 $x,\ y,\ z$ の組（$x,\ y,\ z$）の個数を b_n とする．b_n を n の式で表せ．（横浜国大）

（1） $y=l$ で切っても，奇偶による場合分けが生じる．

11 二項係数の基本公式と和

（1） 次の(ア)，(イ)を示せ．

（ア） ${}_{k+1}\mathrm{C}_r={}_k\mathrm{C}_r+{}_k\mathrm{C}_{r-1}$ $(r\geqq 1,\ k\geqq r)$

（イ） $r\,{}_k\mathrm{C}_r=k\,{}_{k-1}\mathrm{C}_{r-1}$ $(r\geqq 1,\ k\geqq r)$

（2） (1)(ア)を利用して，$\displaystyle\sum_{k=r}^{n}{}_k\mathrm{C}_r$ を求めよ．

二項係数の関係式 二項係数は，

（i） $(a+b)^n$ の展開式の係数　（ii） パスカルの三角形　（iii） 組合せの個数

などで現れる．

ここでは，二項係数の公式：${}_n\mathrm{C}_k=\dfrac{n!}{k!(n-k)!}$ を用いて(1)を証明する．これを用いず，組合せのモデルを使った証明もできる（☞注）．

(ア)，(イ)の意義 (ア)は，二項係数がパスカルの三角形に並ぶ数だとすれば，当然成り立つ式である．(イ)は，“変数の散らばりを減らす”効果がある．例えば，

$\displaystyle\sum_{k=r}^{n}k\,{}_{k-1}\mathrm{C}_{r-1}=\sum_{k=r}^{n}r\,{}_k\mathrm{C}_r=r\sum_{k=r}^{n}{}_k\mathrm{C}_r$ というように k が r になったことで，シグマの外に出せるようになる（シグマの中は k が変数で，r は定数である）．

解 答

（1）（ア） ${}_k\mathrm{C}_r+{}_k\mathrm{C}_{r-1}=\dfrac{k!}{r!(k-r)!}+\dfrac{k!}{(r-1)!(k-r+1)!}$

$=\dfrac{k!}{r!(k-r+1)!}\{(k-r+1)+r\}=\dfrac{(k+1)!}{r!(k+1-r)!}={}_{k+1}\mathrm{C}_r$

（イ） $r\,{}_k\mathrm{C}_r=r\cdot\dfrac{k!}{r!(k-r)!}=k\cdot\dfrac{(k-1)!}{(r-1)!(k-r)!}=k\,{}_{k-1}\mathrm{C}_{r-1}$

（2） (1)により，${}_k\mathrm{C}_{r-1}={}_{k+1}\mathrm{C}_r-{}_k\mathrm{C}_r$ $(r\geqq 1,\ k\geqq r)$ ……………………（＊）

⇦ $a_k={}_k\mathrm{C}_{r-1}$，$b_k={}_k\mathrm{C}_r$ とおくと，$a_k=b_{k+1}-b_k$ の形

$r-1$ ⇨ r とすると，${}_k\mathrm{C}_r={}_{k+1}\mathrm{C}_{r+1}-{}_k\mathrm{C}_{r+1}$ $(r\geqq 0,\ k\geqq r+1)$

よって，$n\geqq r+1$ のとき，

$$\sum_{k=r}^{n}{}_k\mathrm{C}_r={}_r\mathrm{C}_r+\sum_{k=r+1}^{n}{}_k\mathrm{C}_r={}_r\mathrm{C}_r+\sum_{k=r+1}^{n}({}_{k+1}\mathrm{C}_{r+1}-{}_k\mathrm{C}_{r+1})$$

$$={}_r\mathrm{C}_r+({}_{n+1}\mathrm{C}_{r+1}-{}_{r+1}\mathrm{C}_{r+1})=\mathbf{{}_{n+1}C_{r+1}}$$

$(n=r$ のときもこれでよい$)$

⇦
$${}_{r+2}\mathrm{C}_{r+1}-{}_{r+1}\mathrm{C}_{r+1}$$
$${}_{r+3}\mathrm{C}_{r+1}-{}_{r+2}\mathrm{C}_{r+1}$$
$$\vdots\qquad\vdots$$
$${}_n\mathrm{C}_{r+1}-{}_{n-1}\mathrm{C}_{r+1}$$
$$+)\ {}_{n+1}\mathrm{C}_{r+1}-{}_n\mathrm{C}_{r+1}$$
$${}_{n+1}\mathrm{C}_{r+1}-{}_{r+1}\mathrm{C}_{r+1}$$

➡**注** (ア) $k+1$ 人から r 人を選んで作られる組合せの数 ${}_{k+1}\mathrm{C}_r$ を，$k+1$ 人のうち特定の1人が r 人に入るかどうかで場合分けして数えたものが右辺（入るときが ${}_k\mathrm{C}_{r-1}$）．

(イ) 左辺は，k 人から r 人のグループを作り，さらにそのグループのリーダーを1人決めるときの場合の数であるが，これを，まず k 人からリーダーとなる1人を選ぶ，として数えたものが右辺である．

11 演習題（解答は p.80）

p を素数とするとき，次を証明せよ．

（1） $1\leqq k\leqq p$ を満たす自然数 k について，等式 $p\cdot{}_{p-1}\mathrm{C}_{k-1}=k\cdot{}_p\mathrm{C}_k$ が成り立つ．

（2） $1\leqq k\leqq p-1$ を満たす自然数 k について，${}_p\mathrm{C}_k$ は p の倍数である．

（3） 2^p-2 は p の倍数である．（東北学院大）

（3）は二項定理を用いる．

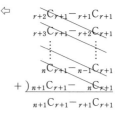

12 二項係数がらみの和

二項定理より，$(1+x)^n={}_n\mathrm{C}_0+{}_n\mathrm{C}_1x+{}_n\mathrm{C}_2x^2+\cdots+{}_n\mathrm{C}_nx^n$ ………① である．

（1） $\displaystyle\sum_{k=0}^{8}{}_8\mathrm{C}_k$ を求めよ．　（2） $\displaystyle\sum_{k=0}^{16}k\cdot{}_{16}\mathrm{C}_k$ を求めよ．　（3） $\displaystyle\sum_{k=0}^{8}\frac{{}_8\mathrm{C}_k}{k+1}$ を求めよ．

（麻布大・獣医，類　慶大・総合政策）

二項定理の利用　シグマの中に二項係数が入った式を扱うときは，二項定理が使えないかと考えよう．二項定理より，

$$(1+x)^n={}_n\mathrm{C}_0+{}_n\mathrm{C}_1x+{}_n\mathrm{C}_2x^2+\cdots+{}_n\mathrm{C}_nx^n \quad\cdots\cdots①$$

この式の x に 1，-1 など特定の値を代入するとよい．また，求める和の形によっては，①にそのまま x の具体的な値を代入するのではなく，①を微分した式に代入したり，①を定積分したりして，シグマの形に変形していく．

解答

（1） ①で，$x=1$，$n=8$ とすると，

$$(1+1)^8={}_8\mathrm{C}_0+{}_8\mathrm{C}_1\cdot1+{}_8\mathrm{C}_2\cdot1^2+\cdots+{}_8\mathrm{C}_8\cdot1^8=\sum_{k=0}^{8}{}_8\mathrm{C}_k$$

$$\therefore\ \sum_{k=0}^{8}{}_8\mathrm{C}_k=\mathbf{2^8(=256)}$$

（2） ①の両辺を x で微分すると，

$$\underline{n(1+x)^{n-1}}={}_n\mathrm{C}_1+2{}_n\mathrm{C}_2x+3{}_n\mathrm{C}_3x^2+\cdots+n{}_n\mathrm{C}_nx^{n-1}$$

⇦ $((x+a)^n)'=n(x+a)^{n-1}$

この式で，$x=1$，$n=16$ として

$$16(1+1)^{15}={}_{16}\mathrm{C}_1+2{}_{16}\mathrm{C}_2\cdot1+3{}_{16}\mathrm{C}_3\cdot1^2+\cdots+16{}_{16}\mathrm{C}_{16}\cdot1^{16-1}$$
$$=\sum_{k=0}^{16}k{}_{16}\mathrm{C}_k$$

$$\therefore\ \sum_{k=0}^{16}k{}_{16}\mathrm{C}_k=16\cdot2^{15}=\mathbf{2^{19}}(=524288)$$

【(2)の別解】
前頁の(1)(イ)より
$k{}_{16}\mathrm{C}_k=16{}_{15}\mathrm{C}_{k-1}$
$\displaystyle\sum_{k=0}^{16}k{}_{16}\mathrm{C}_k=\sum_{k=1}^{16}k{}_{16}\mathrm{C}_k$
$\displaystyle=16\sum_{k=1}^{16}{}_{15}\mathrm{C}_{k-1}=16\sum_{l=0}^{15}{}_{15}\mathrm{C}_l$
[$k-1=l$ とおいた]
〰〰は①で，$x=1$，$n=15$ のとき．
よって答は $16\cdot2^{15}=2^{19}$

（3） ①の両辺を 0 から 1 まで定積分すると．

$$\int_0^1(1+x)^ndx=\int_0^1({}_n\mathrm{C}_0+{}_n\mathrm{C}_1x+{}_n\mathrm{C}_2x^2+\cdots+{}_n\mathrm{C}_nx^n)\,dx$$
$$={}_n\mathrm{C}_0\int_0^1 1dx+{}_n\mathrm{C}_1\int_0^1 xdx+{}_n\mathrm{C}_2\int_0^1 x^2dx+\cdots+{}_n\mathrm{C}_n\int_0^1 x^ndx$$
$$={}_n\mathrm{C}_0+\frac{1}{2}{}_n\mathrm{C}_1+\frac{1}{3}{}_n\mathrm{C}_2+\cdots+\frac{1}{n+1}{}_n\mathrm{C}_n=\sum_{k=0}^{n}\frac{{}_n\mathrm{C}_k}{k+1}$$

この式で，$n=8$ として，

$$\sum_{k=0}^{8}\frac{{}_8\mathrm{C}_k}{k+1}=\int_0^1(1+x)^8dx=\left[\underline{\frac{1}{9}(1+x)^9}\right]_0^1=\frac{2^9-1}{9}=\mathbf{\frac{511}{9}}$$

$(x+a)^n$ の不定積分
⇦ $\dfrac{1}{n+1}(x+a)^{n+1}+C$

12 演習題（解答は p.81）

次の式が成り立つことを証明せよ．

（1） ${}_n\mathrm{C}_0-{}_n\mathrm{C}_1+{}_n\mathrm{C}_2-\cdots+(-1)^n{}_n\mathrm{C}_n=0$

（2） $\dfrac{k}{n}{}_n\mathrm{C}_k={}_{n-1}\mathrm{C}_{k-1}$

（3） $\dfrac{1}{1}{}_{n-1}\mathrm{C}_0+\dfrac{(-1)}{2}{}_{n-1}\mathrm{C}_1+\dfrac{(-1)^2}{3}{}_{n-1}\mathrm{C}_2+\cdots+\dfrac{(-1)^{n-1}}{n}{}_{n-1}\mathrm{C}_{n-1}=\dfrac{1}{n}$

（愛知大，類　早大・人間科学）

（1） 上記①の x に -1 を代入する．

13 確率と漸化式

袋Aの中に5個の白玉と1個の赤玉が入っており，袋Bの中に3個の白玉が入っている．Aから無作為に1個の玉を取り出しBに移した後，Bから無作為に1個の玉を取り出しAに移す．この操作を n 回繰り返した後に，Aに赤玉が入っている確率を P_n とおく．次の問いに答えよ．

（1） P_{n+1} を P_n で表せ．

（2） P_n を求めよ． （名古屋市大・経－後）

漸化式を立てる n 回後の試行結果の確率が分かっているものとして，これを出発点に，$n+1$ 回後の試行結果の確率を考えることで，P_n と P_{n+1} を結びつけることができる．つまり，

P_n を既知だとすれば P_{n+1} を求めることができる

ということで，この「既知だと思う」ことがポイントである．漸化式を立てるために場合分けするときは，「すべてを尽くしているか」と「排反になっているか」の2点に注意しよう．

本問の場合，Aに赤玉が入っている・入っていない，という2つの排反な事象に分けられる．一般に排反な2つの事象に分けられるときは，一方の確率のみ設定すればよい（他方は $1-P_n$ と表される）．

解 答

白玉を○，赤玉を●と表すと，最初は，A…○5個・●1個，B…○3個

（1） $n+1$ 回後にAに●が入っているのは，

1° n 回後にAに●が入っている場合（確率 P_n），$n+1$ 回目に，

- Aから○を取り出し（確率 $\frac{5}{6}$），Bからも○を取り出す（確率1）か，
- Aから●を取り出し（確率 $\frac{1}{6}$），Bからも●を取り出す（確率 $\frac{1}{4}$）

2° n 回後にAに●が入っていない場合（確率 $1-P_n$），$n+1$ 回目に，

Aから○を取り出し（確率1），Bから●を取り出す（確率 $\frac{1}{4}$）

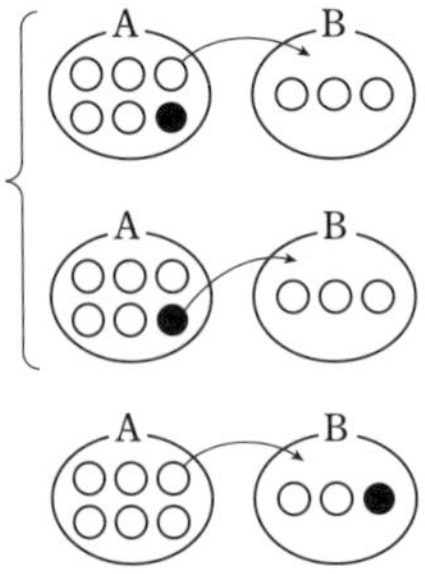

ときのいずれかである．したがって，

$$P_{n+1}=P_n\cdot\left(\frac{5}{6}\cdot 1+\frac{1}{6}\cdot\frac{1}{4}\right)+(1-P_n)\cdot\frac{1}{4}=\boldsymbol{\frac{5}{8}P_n+\frac{1}{4}} \quad \cdots\cdots①$$

（2） $\alpha=\frac{5}{8}\alpha+\frac{1}{4}$ ……② とすると，$\alpha=\frac{2}{3}$ であり，①－②により，

$$P_{n+1}-\alpha=\frac{5}{8}(P_n-\alpha) \qquad \therefore \quad P_{n+1}-\frac{2}{3}=\frac{5}{8}\left(P_n-\frac{2}{3}\right)$$

最初はAに●が入っているので，$P_0=1$ である．よって，

$$P_n-\frac{2}{3}=\left(\frac{5}{8}\right)^n\left(P_0-\frac{2}{3}\right)=\frac{1}{3}\left(\frac{5}{8}\right)^n \qquad \therefore \quad \boldsymbol{P_n=\frac{2}{3}+\frac{1}{3}\left(\frac{5}{8}\right)^n}$$

⇦初項は $n=0$（最初の状態）とすると少し楽になることが多い．

13 演習題 （解答は p.81）

正三角形ABCとその頂点上にある動点Pを考える．動点Pは1分ごとに $\frac{2}{3}$ の確率で同じ頂点に留まり，隣接する2つの頂点のどちらかに各々 $\frac{1}{6}$ の確率で移動する．Pが n 分後に頂点A上にある確率を p_n（$n=0$, 1, 2, …）で表す．$p_0=1$ とするとき，

（1） p_{n+1} を p_n で表せ．

（2） p_n を n を用いて表せ． （青山学院大・総合文化政策，社情／一部略）

B上にあるときとC上にあるときを分ける必要はない．

14 期待値の計算

1枚の硬貨を n 回繰り返して投げるとき，確率変数 T を規則

「k 回目に初めて表が出たとき $T=k$ とし，n 回とも表が出ない場合には $T=n$ とする」

で定める．1回の試行でこの硬貨の表が出る確率を $p\ (0<p<1)$ とするとき

（1） T の確率分布を求めよ．

（2） 期待値 $E(T)$ を n と p の式で表せ．（金沢大・理系）

期待値の計算 例題の期待値は，定義通りに計算する．数列の和の計算で使った手法を思い出そう．

解答

（1） $\boldsymbol{k=1,\ 2,\ \cdots,\ n-1}$ **のとき**，$T=k$ となるのは $1\sim k-1$ 回目に裏が出て k 回目に表が出る場合だから，$\boldsymbol{P(T=k)=(1-p)^{k-1}p}$

⇦ $k=1$ のときもこれでよい．

$T=n$ となるのは，$1\sim n-1$ 回目に裏が出る（n 回目は表でも裏でもよい）場合だから，$\boldsymbol{P(T=n)=(1-p)^{n-1}}$

（2） （1）により，

$$E(T)=\sum_{k=1}^{n}kP(T=k)=\sum_{k=1}^{n-1}k(1-p)^{k-1}p+n(1-p)^{n-1}$$

$$=n(1-p)^{n-1}+p\sum_{k=1}^{n-1}k(1-p)^{k-1}$$

〰〰$=S$ とし，$1-p=q$ とおく．

⇦見やすくするため

$$S=1\cdot1+2\cdot q+3\cdot q^2+\cdots+(n-2)q^{n-3}+(n-1)q^{n-2}$$

$$-)\quad qS=\quad 1\cdot q+2\cdot q^2+\cdots+(n-3)q^{n-3}+(n-2)q^{n-2}+(n-1)q^{n-1}$$

$$(1-q)S=1+q+q^2+\cdots\cdots+q^{n-3}+q^{n-2}-(n-1)q^{n-1}$$

$$=\frac{1-q^{n-1}}{1-q}-(n-1)q^{n-1}$$

$1-q=p$ より，$pS=\dfrac{1-(1-p)^{n-1}}{p}-(n-1)(1-p)^{n-1}$

よって，

$$E(T)=n(1-p)^{n-1}+pS=n(1-p)^{n-1}+\frac{1-(1-p)^{n-1}}{p}-(n-1)(1-p)^{n-1}$$

$$=(1-p)^{n-1}+\frac{1-(1-p)^{n-1}}{p}=\frac{1-(1-p)(1-p)^{n-1}}{p}=\boldsymbol{\frac{1-(1-p)^n}{p}}$$

$n\to\infty$ とすると，$E(T)$ は $\dfrac{1}{p}$ に近づく．確率 p で起こることを，それが実現するまで繰り返し行うとき，試行の回数の期待値は確率 p の逆数になることを示した．感覚的に納得できる結論と言えるだろう．

14 演習題 （解答は p.81）

赤玉と白玉の入った袋を使って次のゲームを行う．n は2以上の整数とする．袋から玉を1個取り出し，色を調べて袋に戻すことを1回の操作と呼ぶ．ゲームはこの操作を繰り返し行う．ただし赤玉を取り出したときか，n 回目の操作を行ったとき，ゲームを終了する．ゲームが i 回目の操作で終了するとき $X=i$ とおく．また，白玉を袋から1個取り出す確率を p とする．

（1） X の確率分布を求めよ．

（2） X の期待値を求めよ．

（3） ゲームを2度行う．はじめのゲームが j 回目の操作で終了するとき $Y=j$ とおき，あとのゲームが k 回目の操作で終了するとき $Z=k$ とおく．$|Y-Z|\leqq1$ となる確率を求めよ．（新潟大・理系）

（3） まず $|Y-Z|\leqq1$ の絶対値をはずす．例えば $Y=Z$ は $Y=i$ かつ $Z=i$ $(i=1,\ \cdots,\ n)$

15 漸化式と整数／余りの数列

数列 $\{a_n\}$ を $a_1=1$，$a_2=1$，$a_{n+2}=a_{n+1}+a_n$ ($n=1$, 2, …) で定義する．次の問いに答えよ．

（1） $n=1$, 2, …, 16 について，a_n を 2 で割った余り，a_n を 3 で割った余りを求め，解答用紙（略）の表を完成せよ．

（2） a_n が 2 の倍数となるときの n の条件は［　　］．

（3） a_n が 3 の倍数となるときの n の条件は［　　］．

（4） a_n が 6 の倍数となるときの n の条件は［　　］．

（5） a_{2000} を 6 で割った余りは［　　］．　　　（大阪工大・情報科学，類　広島大・文系）

整数の漸化式では，余りの数列は周期的になる　a_1，a_2，p，q を整数として，数列 $\{a_n\}$ が漸化式 $a_{n+2}=pa_{n+1}+qa_n$ を満たすとする．a_{n+2} は，a_{n+1} と a_n（手前の 2 項）で決まるが，a_{n+2} を c で割った余り r_{n+2} も，手前の 2 項の余りで決まる．合同式（☞本シリーズ「数 A」p.61）を用いれば，（≡は mod c として）$a_{n+2}\equiv r_{n+2}$，$a_{n+1}\equiv r_{n+1}$，$a_n\equiv r_n$ のとき，

$$a_{n+2}=pa_{n+1}+qa_n \Longrightarrow r_{n+2}\equiv pr_{n+1}+qr_n \cdots\cdots\cdots\text{Ⓐ}$$

ということである．よって，元の数列 $\{a_n\}$ を経由せずに，余り r_n をⒶから直接計算できる．ここで，

1°　n の小さい順に r_n を並べていくとき，右図で，　　……，㋐，㋑，……，㋐′，㋑′，……（（＊）は ㋐，㋑，…… の部分）

㋐′＝㋐，㋑′＝㋑なら，㋐′以降は（＊）の繰り返し．

2°　c で割った余りは 0，1，…，$c-1$ の c 通りしかないので，

α，β を c で割った余りとするとき，$(\alpha,\ \beta)$ という 2 数の組合せは，$c\times c=c^2$ 通りしかない．

が言え，$(r_1,\ r_2)$，$(r_2,\ r_3)$，… のペアを順次求めて調べると，2° により c^2+1 個のペアまでに 1° の 〰〰 となる 2 つのペアが必ず見つかり，$\{r_n\}$ は周期的に同じ値をくり返すことが分かる．

解 答

（1） a_n を 2，3 で割った余りをそれぞれ b_n，c_n とする．例えば c_n は，≡ を mod 3 として，$c_1=1$，$c_2=1$，$c_3\equiv c_2+c_1=2$，$c_4\equiv c_3+c_2=3\equiv 0$，……と計算していく．このようにして以下の表を得る．

⇦前文の，㋐′＝㋐，㋑′＝㋑が現れたら，あとは周期的になるので，それを利用して表を完成すればよい（具体的には b_n では 5 個のペア，c_n では 10 個のペアを見れば，同じものが現れているはず）．

n	1	2	3	4	5	6	7	8	9	10	11	12	13	14	15	16
b_n	1	1	0	1	1	0	1	1	0	1	1	0	1	1	0	1
c_n	1	1	2	0	2	2	1	0	1	1	2	0	2	2	1	0

（2） $b_4=b_1$，$b_5=b_2$ であるから，$\{b_n\}$ は「1，1，0」の繰り返しである．よって，a_n が 2 の倍数となる条件は **n が 3 の倍数であること．**　　⇦ $b_n=0$

（3） $\{c_n\}$ は，「1，1，2，0，2，2，1，0」の繰り返しであるから，a_n が 3 の倍数となる条件は，**n が 4 の倍数であること．**　　⇦ $c_n=0$

（4） a_n が $6=2\cdot 3$ の倍数となるのは，$b_n=0$ かつ $c_n=0$ となるときで，それは，（2）（3）より，n が $3\times 4=12$ の倍数であるとき，よって，求める条件は **n が 12 の倍数であること．**　　⇦3 と 4 は互いに素．

（5） 2000 を 3 で割った余りは 2 だから，$b_{2000}=b_2=1$ よって，a_{2000} は奇数．

また，2000 を 8 で割った余りは 0 だから，$c_{2000}=c_8=0$ よって，a_{2000} は 3 の倍数．　　⇦ $\{c_n\}$ の周期は 8.

よって，$a_{2000}=3(2k+1)=6k+3$（k は整数）と表せるから，求める余りは，**3**

⇦「奇数 かつ 3 の倍数」$\Longleftrightarrow$「3 の奇数倍」

15 演習題（解答は p.82）

整数からなる数列 $\{a_n\}$ を $\begin{cases} a_1=1,\ a_2=3 \\ a_{n+2}=3a_{n+1}-7a_n \end{cases}$ ($n=1$, 2, …) によって定める．

（1） a_n が偶数となることと，n が 3 の倍数となることは同値であることを示せ．

（2） a_n が 10 の倍数となるための条件を（1）と同様の形式で求めよ．　　（東大・理系）

まずは実験して周期性を見い出す．

16 漸化式と整数

（1） p, q, r, s を整数とする．このとき $p+q\sqrt{2}=r+s\sqrt{2}$ が成り立つならば $p=r$ かつ $q=s$ となることを示せ．ここで $\sqrt{2}$ が無理数であることは使ってよい．

（2） 自然数 n に対し，$(3+2\sqrt{2})^n=a_n+b_n\sqrt{2}$ を満たす整数 a_n, b_n が存在することを数学的帰納法により示せ．

（3） a_n, b_n を(2)のものとする．このときすべての自然数 n について $(x,\ y)=(a_n,\ b_n)$ は方程式 $x^2-2y^2=1$ の解であることを数学的帰納法により示せ．（三重大・人文，教，生物資源）

（漸化式を利用して数学的帰納法で示す） 例題の(2)(3)では「数学的帰納法で示せ」という指示があるので，漸化式の利用が思いつきやすいだろう．a_n, b_n についての漸化式を作ることがポイントの問題であり，具体的には $(3+2\sqrt{2})^{n+1}=(3+2\sqrt{2})\cdot(3+2\sqrt{2})^n$ を a_n, b_n などを用いて表した $a_{n+1}+b_{n+1}\sqrt{2}=(3+2\sqrt{2})(a_n+b_n\sqrt{2})$ を使って漸化式を作る（右辺を展開し，係数を比較すると連立漸化式ができる）．

解答

（1） $p+q\sqrt{2}=r+s\sqrt{2}$ のとき，$(q-s)\sqrt{2}=r-p$ ……①

$q-s\neq0$ と仮定すると $\sqrt{2}=\dfrac{r-p}{q-s}=\dfrac{(\text{整数})}{(\text{整数})}=(\text{有理数})$ となって $\sqrt{2}$ が無理数であることに矛盾する．よって $q-s=0$ であり，これと①から $r-p=0$

従って $p=r$ かつ $q=s$ となり，題意が示された．

（2） $(3+2\sqrt{2})^n=a_n+b_n\sqrt{2}$ を満たす整数 a_n, b_n が存在する ……②

ことを数学的帰納法で示す．

• $n=1$ のとき，$a_1=3$, $b_1=2$ ……③　とすれば②が成り立つ．

• $n=k$ のときに②が成り立つ，つまり

$(3+2\sqrt{2})^k=a_k+b_k\sqrt{2}$ を満たす整数 a_k, b_k が存在する

と仮定する．

$$(3+2\sqrt{2})^{k+1}=(3+2\sqrt{2})\cdot(3+2\sqrt{2})^k=(3+2\sqrt{2})(a_k+b_k\sqrt{2})$$
$$=(3a_k+4b_k)+(2a_k+3b_k)\sqrt{2}$$

であるから，$a_{k+1}=3a_k+4b_k$, $b_{k+1}=2a_k+3b_k$ ………④　とすれば帰納法の仮定（a_k, b_k は整数）より a_{k+1}, b_{k+1} は整数となる．よって $n=k+1$ のときも②が成り立つ．以上で題意が示された．

⇦(1)より，a_{k+1}, b_{k+1} はただ1つに決まる．

（3） ${a_n}^2-2{b_n}^2=1$ ……⑤　であることを数学的帰納法で示す．

• $n=1$ のとき，③より $3^2-2\cdot2^2=9-8=1$ だから⑤を満たす．

• $n=k$ のとき，⑤ $({a_k}^2-2{b_k}^2=1)$ が成り立つと仮定する．これと④より

$${a_{k+1}}^2-2{b_{k+1}}^2=(3a_k+4b_k)^2-2(2a_k+3b_k)^2={a_k}^2-2{b_k}^2=1$$

となるから，$n=k+1$ のときも⑤が成り立つ．以上で題意が示された．

16 演習題 （解答は p.83）

二つの数列 $\{a_n\}$, $\{b_n\}$ を次の漸化式によって定める．

$$a_1=3,\ b_1=1,\ a_{n+1}=\frac{1}{2}(3a_n+5b_n),\ b_{n+1}=\frac{1}{2}(a_n+3b_n)$$

（1） すべての自然数 n について，${a_n}^2-5{b_n}^2=4$ であることを示せ．

（2） すべての自然数 n について，a_n, b_n は自然数かつ a_n+b_n は偶数であることを証明せよ．（筑波大）

(1)(2)とも数学的帰納法で示す．(2)の「a_n+b_n は偶数」の扱い方・示し方を考えよう．

◆ 17 方程式の有理数解

3次方程式 $x^3-x^2+2x-1=0$ の実数解は無理数であることを，背理法を用いて示せ．

（富山県立大）

（無理数であることを示すには） 例題の場合，問題文から「有理数解をもつと仮定して矛盾を導く」という方針がわかる．無理数とは有理数でない実数のことであるから，無理数であることを示すときは背理法が基本であり，指示がなくてもこの方針が思い浮かぶようにしておきたい．

有理数解をもつとしてそれを $x=\dfrac{q}{p}$ とおき，方程式に代入するのであるが，「p と q は互いに素」と仮定しておくのがポイントとなる．

解 答

与えられた方程式 $x^3-x^2+2x-1=0$ ……① が有理数解をもつと仮定し，

それを $x=\dfrac{q}{p}$（p は自然数，q は整数で p と q は互いに素）とおく．$x=\dfrac{q}{p}$ を①に代入すると

$$\frac{q^3}{p^3}-\frac{q^2}{p^2}+2\cdot\frac{q}{p}-1=0$$

p^3 倍すると，$q^3-pq^2+2p^2q-p^3=0$ ……………②

②は $q^3=pq^2-2p^2q+p^3$ となるから，

⇦ p を含む項と含まない項に分離

$$q^3=p(q^2-2pq+p^2) \quad \cdots\cdots③$$

③の右辺は p の倍数だから左辺の q^3 も p の倍数となるが，p と q は互いに素なので $p=1$ である．

⇦ $p=1$ だから有理数解は整数解となる．このあとは，$y=f(x)$ のグラフを描いてもできる．$f'(x)=3x^2-2x+2>0$ からグラフは下のようになり，整数解はない．

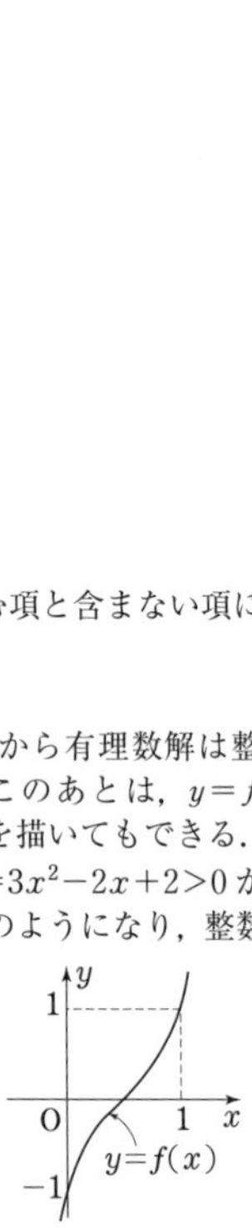

同様に，②が $q^3-pq^2+2p^2q=p^3$ すなわち $q(q^2-pq+2p^2)=p^3$ と書けることから，q は p^3 の約数で ±1

これより，①が有理数解をもつとすると $x=1$ または $x=-1$ となるが，

$$1^3-1^2+2\cdot1-1=1\neq0,\quad (-1)^3-(-1)^2+2(-1)-1=-5\neq0$$

なのでいずれも①の解にならない．これは矛盾であるから，背理法により①は有理数解をもたない，すなわち①の実数解は無理数であることが示された．

➡注 整数係数の n 次方程式 $a_nx^n+\cdots+a_1x+a_0=0$ （$a_n\neq0$, $a_0\neq0$）

が有理数解をもつならば，それは $\pm\dfrac{(a_0\text{の約数})}{(a_n\text{の約数})}$ の形に書けることが知られている（つまり，この形の有理数の中に方程式の解がなければ方程式は有理数解をもたない）．これを方程式①に適用すると，$n=3$ で $a_3=1$, $a_0=-1$ なので「①が有理数解をもつならばそれは $x=\pm1$」となる．

⇦ この定理の証明は本シリーズ数IIのp.35にある．数IIをもっている人は，この証明と例題の解答を見くらべてみよう．

◇ 17 演習題（解答は p.83）

a, b, c を奇数とする．x についての2次方程式 $ax^2+bx+c=0$ に関して，

（1） この2次方程式が有理数の解 $\dfrac{q}{p}$ をもつならば，p と q はともに奇数であることを背理法で証明せよ．ただし，$\dfrac{q}{p}$ は既約分数とする．

（2） この2次方程式が有理数の解をもたないことを(1)を利用して証明せよ．

（鹿児島大）

（1） 偶数・奇数に着目する．
（2） (1)の式をもう一度見ると，…

18 三角関数と漸化式

tを実数とし，数列 $\{a_n\}$ を，$a_1=1$，$a_2=2t$，$a_{n+1}=2ta_n-a_{n-1}$ $(n\geqq 2)$ で定める．

（1） $t\geqq 1$ ならば，$0<a_1<a_2<a_3<\cdots\cdots$ となることを示せ．

（2） $-1<t<1$ ならば，$t=\cos\theta$ となる θ を用いて，$a_n=\dfrac{\sin n\theta}{\sin\theta}$ $(n\geqq 1)$ となることを示せ．

（神戸大・理系／一部略）

前の二つから次が成立 例題の漸化式は，a_n と a_{n+1} が決まると a_{n+2} が決まる形になっている．そこで，数学的帰納法を用いるときは，仮定に a_k と a_{k+1} が現れるようにする．

（1）では，「$a_n<a_{n+1}$」を示すことを目標にする．このとき，$a_k<a_{k+1} \Longrightarrow a_{k+1}<a_{k+2}$ を示すことになり，仮定に a_k と a_{k+1} が現れ漸化式から a_{k+2} を a_k と a_{k+1} で表せる．

（2）では，$a_k=\dfrac{\sin k\theta}{\sin\theta}$ と $a_{k+1}=\dfrac{\sin(k+1)\theta}{\sin\theta}$ の2つを仮定しないと a_{k+2} を計算できない．そこで「（i） $n=1$，2で成り立つ．（ii） $n=k$，$k+1$ で成り立つと仮定すると $n=k+2$ で成り立つ．」ことを示す．この帰納法を用いるときは，（i）で $n=1$，2の2つの値で成り立つことを確かめるのを忘れないようにしよう．

なお，（1）で，$a_{k+2}>a_{k+1}$ を示す際，$a_{k+1}>0$ を使うことになるので，$0<a_k<a_{k+1} \Longrightarrow 0<a_{k+1}<a_{k+2}$ を示すことにすればよい．

解 答

（1） $a_{n+2}=2ta_{n+1}-a_n$ $(n\geqq 1)$ ……………………①

自然数 n について，$0<a_n<a_{n+1}$ が成り立つことを数学的帰納法で示す．

Ⅰ．$a_1=1$，$a_2=2t$ により，$t\geqq 1$ のとき，$0<a_1<a_2$ が成り立つ．

Ⅱ．$0<a_k<a_{k+1}$ が成り立つと仮定する．このとき，①と $t\geqq 1$ から，

$$a_{k+2}-a_{k+1}=(2ta_{k+1}-a_k)-a_{k+1}=(2t-1)a_{k+1}-a_k\geqq a_{k+1}-a_k>0$$

$$(\because\ 2t-1\geqq 1,\ a_{k+1}>0 \text{ により，} (2t-1)a_{k+1}\geqq a_{k+1})$$

よって，$a_{k+2}>a_{k+1}>0$ つまり $0<a_{k+1}<a_{k+2}$ も成り立つ．

以上から，$0<a_n<a_{n+1}$ $(n=1,\ 2,\ \cdots)$ が成り立ち，題意が示された．

（2） 自然数 n についての数学的帰納法で示す．

Ⅰ．$a_1=1=\dfrac{\sin\theta}{\sin\theta}$，$a_2=2t=2\cos\theta=\dfrac{\sin 2\theta}{\sin\theta}$ により，$n=1$，2で成立．

⇦ (1, 2) 3，…，(k, k+1) $k+2$，と進んでいく帰納法

Ⅱ．$a_k=\dfrac{\sin k\theta}{\sin\theta}$，$a_{k+1}=\dfrac{\sin(k+1)\theta}{\sin\theta}$ を仮定する．このとき，①から

$$a_{k+2}=2ta_{k+1}-a_k=\frac{2\cos\theta\sin(k+1)\theta-\sin k\theta}{\sin\theta}$$

$$=\frac{\{\sin((k+1)\theta+\theta)+\sin((k+1)\theta-\theta)\}-\sin k\theta}{\sin\theta}=\frac{\sin(k+2)\theta}{\sin\theta}$$

$2\sin\alpha\cos\beta$
$=\sin(\alpha+\beta)+\sin(\alpha-\beta)$
⇦また，$\sin((k+1)\theta-\theta)=\sin k\theta$

以上から，題意が示された．

18 演習題 （解答は p.84）

（1） nを正の整数とする．$\cos n\theta$ は，ある x の n 次式 $p_n(x)$ を用いて，$\cos n\theta=p_n(\cos\theta)$ と表せることを示せ．［ヒント：$\cos n\theta=2\cos\theta\cos(n-1)\theta-\cos(n-2)\theta$ を用いよ］

（2） $p_n(x)$ は n が偶数なら偶関数，奇数なら奇関数になることを示せ．

（3） 整式 $p_n(x)$ の定数項を求めよ．

（九州大・文系／一部略）

$\cos 2\theta=2\cos^2\theta-1$ により，$p_2(x)=2x^2-1$

19 方程式の解の個数／置き換え

$0 \leqq \theta \leqq \pi$ として，θ の方程式 $-\cos 2\theta+(2-9a)\sin\theta+12a^2-9a+3=0$ について，次の各問に答えよ．ただし，a は実数の定数とする．

（1） $a=\dfrac{1}{2}$ のとき，解の個数を求めよ．

（2） 異なる 4 つの実数解をもつとき，a の値の範囲を求めよ．　（中京大・情報）

$\sin\theta$ の値を 1 つに決めても，θ は 1 つとは限らない　θ の範囲を $0 \leqq \theta < 2\pi$ や $0 \leqq \theta \leqq \pi$ に限定したとしても，$\sin\theta=t$ と置き換えている場合は，t の解の個数と θ の解の個数とは必ずしも一致しないことに注意しよう．

$0 \leqq \theta < 2\pi$ とし，実数 t の値を 1 つ定めたとき，$\sin\theta=t$ を満たす θ が何個定まるかであるが，それは右のグラフにより，

$t=1$ または $t=-1$　のとき，θ は 1 個だけ
$-1<t<1$　のとき，θ は 2 個
$t>1$ または $t<-1$　のとき，θ は 0 個

である．このように，t を 1 つに定めても θ の個数は 1 つとは限らない．

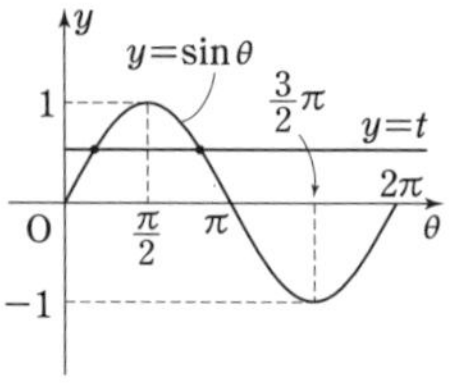

また，文字を置き換えているときは，置き換えた文字の取り得る値の範囲を押さえておく必要がある．本問の場合，$\sin\theta=t$ とおけば，$0 \leqq \theta \leqq \pi$ により，$0 \leqq t \leqq 1$ である．

解 答

$\sin\theta=t$ とおくと，$-(1-2t^2)+(2-9a)t+12a^2-9a+3=0$

$\therefore$　$2t^2+(2-9a)t+12a^2-9a+2=0$ ……①　（左辺を $f(t)$ とおく）

（1） $a=\dfrac{1}{2}$ のとき，①は $4t^2-5t+1=0$ となり，$t=1,\ \dfrac{1}{4}$ である．

$\sin\theta=1$ となる θ は $\theta=\dfrac{\pi}{2}$ で，$\sin\theta=\dfrac{1}{4}$ となる θ は 2 つ存在するから，求める解の個数は **3 つ**である．

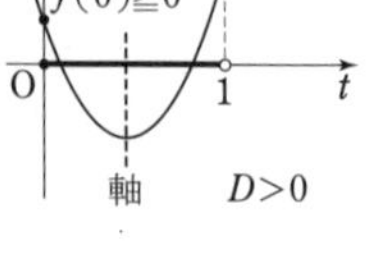

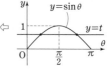

（2） t を 1 つ定めたとき，$0 \leqq t < 1$ ならば θ は $0 \leqq \theta \leqq \pi$ に 2 つ，$t=1$ ならば 1 つ定まるので，θ が 4 つ定まるのは①が $0 \leqq t < 1$ を満たす異なる 2 つの解をもつときである．①の判別式を D とすると，その条件は，次の 1°～3° がすべて成り立つことである．

1°　$D=(2-9a)^2-8(12a^2-9a+2)>0$　　$\therefore$　$-3(5a-2)(a-2)>0$ ……①

2°　軸について：$0<-\dfrac{2-9a}{4}<1$　　$\therefore$　$\dfrac{2}{9}<a<\dfrac{2}{3}$ ……②

3°　$f(0) \geqq 0$ かつ $f(1)>0$

$f(0)=12a^2-9a+2=12\left(a-\dfrac{3}{8}\right)^2+\dfrac{5}{16}$ により，$f(0)$ はつねに正である．

$f(1)=12a^2-18a+6=6(a-1)(2a-1)>0$ ……③

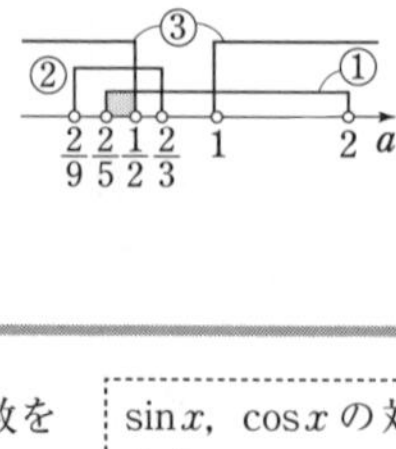

①，②，③の共通範囲を求めて，答えは，$\boldsymbol{\dfrac{2}{5}<a<\dfrac{1}{2}}$

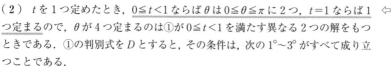

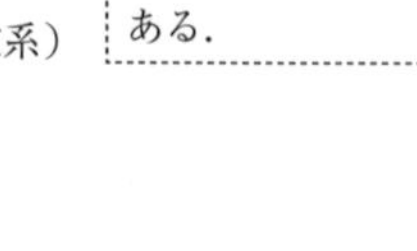

19 演習題（解答は p.84）

$0 \leqq x < 2\pi$ のとき，方程式 $2\sqrt{2}(\sin^3 x+\cos^3 x)+3\sin x\cos x=0$ を満たす x の個数を求めよ．　（京大・文系）

$\sin x$，$\cos x$ の対称式である．

融合問題 演習題の解答

1…B**	**2**…B**○	**3**…C***
4…B**○B*○	**5**…B***	**6**…B**
7…B**	**8**…B**	**9**…B***
10…B***	**11**…B***	**12**…B***
13…B**○	**14**…B***○	**15**…B**
16…B***	**17**…B**	**18**…B**○
19…B***		

1 AE$=x$, AF$=y$ とおき，EF^2 を表す．また，右図で

$\triangle$ABC：$\triangle$AEF$=ab：xy$

が成り立つ．

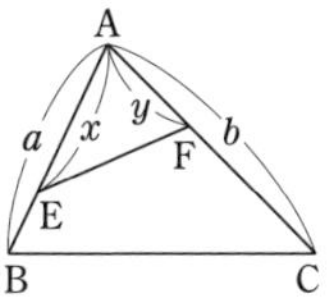

解 AE$=x$, AF$=y$

($0<x<5$, $0<y<7$) とおく．

$\dfrac{\triangle \mathrm{AEF}}{\triangle \mathrm{ABC}}=\dfrac{xy}{5\cdot 7}$ が $\dfrac{1}{2}$ で

あるから，$xy=\dfrac{35}{2}$ ……①

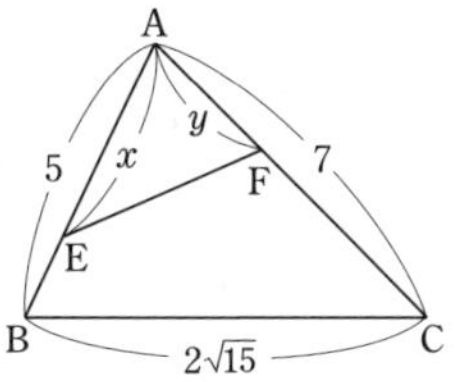

$\triangle$ABC に余弦定理を使い $\cos A$ を求めると，

$$\cos A=\frac{5^2+7^2-(2\sqrt{15})^2}{2\cdot 5\cdot 7}=\frac{25+49-60}{2\cdot 5\cdot 7}=\frac{1}{5}$$

次に，$\triangle$AEF に余弦定理を使うと，

$$\mathrm{EF}^2=x^2+y^2-2xy\cos A$$

$$=x^2+y^2-\frac{2}{5}xy$$

$$=x^2+\left(\frac{35}{2}\right)^2\cdot\frac{1}{x^2}-7 \quad (\because\ ①)$$

$$\geqq 2\sqrt{x^2\times\left(\frac{35}{2}\right)^2\cdot\frac{1}{x^2}}-7=2\cdot\frac{35}{2}-7=28$$

($\because$ 相加平均≧相乗平均)

ここで，等号は，$x^2=\left(\dfrac{35}{2}\right)^2\cdot\dfrac{1}{x^2}$ $\quad\therefore\ x=\sqrt{\dfrac{35}{2}}$

のときである．①から y も求めると，

$$x=y=\sqrt{\frac{35}{2}}<5$$

であり，このとき E, F は辺 AB, 辺 AC 上にある．

よって，EF の最小値は $\sqrt{28}=\boldsymbol{2\sqrt{7}}$

➡**注** EF が最小になるのは，AE$=$AF のときであるが，感覚的にも納得がいく結果である．

2 直方体の対角線が球の中心を通る（証明については，☞注）ことから，直方体の 3 辺の長さ x, y, z に関する式を作る．(1)は，この関係式を使って直方体の体積 xyz から z を消去し，体積を y の関数とみて最大値を考える．(2)は $V(x)$ の最大値を求める．

解 (1) 直方体の残り 2 辺の長さを y, z とする．直方体が球に内接するから，

直方体の対角線は球の中心を通り，対角線は球の直径（長さ 2）となる．よって，

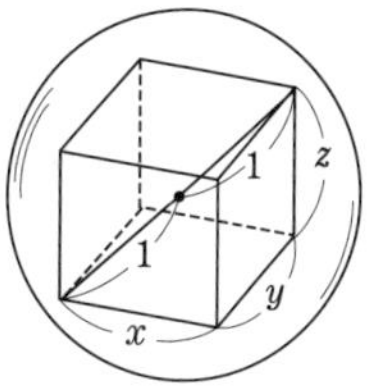

$$x^2+y^2+z^2=2^2$$

従って，直方体の体積は

$$xyz$$

$$=xy\sqrt{4-x^2-y^2}=x\sqrt{y^2(4-x^2-y^2)}$$

ルートの中は，

$$y^2(4-x^2-y^2)=-y^4+(4-x^2)y^2$$

$$=-\left(y^2-\frac{4-x^2}{2}\right)^2+\left(\frac{4-x^2}{2}\right)^2$$

となり，$y^2=\dfrac{4-x^2}{2}$（$0<x<2$ より右辺は正）のとき最大となるから，x を固定したときの xyz の最大値は

$$V(x)=x\sqrt{\left(\frac{4-x^2}{2}\right)^2}=\boldsymbol{\frac{1}{2}x(4-x^2)}$$

(2) $f(x)=2V(x)=x(4-x^2)=-x^3+4x$ とおくと，

$$f'(x)=-3x^2+4$$

となるから，$0<x<2$ における増減とグラフの概形は右のようになる．よって，$V(x)$ の最大値は，

x	0	…	$\frac{2}{\sqrt{3}}$	…	2
$f'(x)$		+	0	−	
$f(x)$		↗		↘	

$$M=V\left(\frac{2}{\sqrt{3}}\right)$$

$$=\frac{1}{2}\cdot\frac{2}{\sqrt{3}}\left(4-\frac{4}{3}\right)$$

$$=\boldsymbol{\frac{8}{3\sqrt{3}}}$$

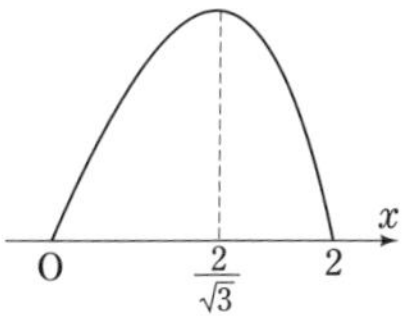

➡**注** 直方体の一つの面を含む平面での球の断面を考える．球の断面は円で，それに直方体の面（長方形）が内接しているから，この円の中心 C は長方形の対角線の交点で，さらに C を通りこの平面に垂直な直線 l は球の中心を通る．直方体の各面についてこれが言えるから，l の交点，すなわち直方体の対角線の交点が球の中心となる．

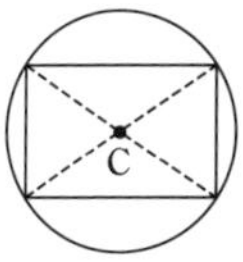

証明は上のようになるが，直観的に明らかなことであるから，解答程度の書き方でよいだろう．

3 （1） ASの中点をHとおくと，AS=2AHであることに着目する．

また，$\sin\alpha+\sin\beta$の形の式の最大値に帰着されるが，$\alpha+\beta$がθによらないので，和→積の公式を使う．

（2） $\sin\left(\dfrac{\pi}{2}-\theta\right)=\cos\theta$を使うと角度は$\dfrac{t}{2}$と$\dfrac{t}{4}$だけになり，このあとは角度を統一する．

解 （1） ASの中点をHとおくと，$\angle\mathrm{AOH}=\dfrac{\theta}{2}$，

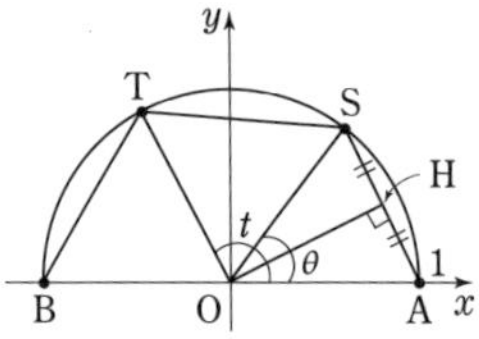

$$\mathrm{AS}=2\mathrm{AH}=2\mathrm{OA}\sin\frac{\theta}{2}$$
$$=2\sin\frac{\theta}{2}$$

同様に，$\angle\mathrm{SOT}=t-\theta$に注意して，

$$\mathrm{ST}=2\sin\frac{t-\theta}{2}$$

したがって，

$$\mathrm{AS}+\mathrm{ST}=2\left(\sin\frac{\theta}{2}+\sin\frac{t-\theta}{2}\right)\ \cdots\cdots①$$
$$=2\left\{\sin\left(\frac{t}{4}+\frac{2\theta-t}{4}\right)+\sin\left(\frac{t}{4}-\frac{2\theta-t}{4}\right)\right\}$$
$$=4\sin\frac{t}{4}\cos\frac{2\theta-t}{4}\ \cdots\cdots②$$

$0<\theta<t$により $-\dfrac{t}{4}<\dfrac{2\theta-t}{4}<\dfrac{t}{4}$であり，

$0<t<\pi$であるから，②は，

$\dfrac{2\theta-t}{4}=0$つまり$\theta=\dfrac{t}{2}$のとき最大値$\boldsymbol{4\sin\dfrac{t}{4}}$をとる．

（2） （1）により，

$$\mathrm{AS}+\mathrm{ST}\leqq4\sin\frac{t}{4}\quad（等号は\theta=\frac{t}{2}のとき）$$

また，$\mathrm{TB}=2\sin\dfrac{\pi-t}{2}=2\sin\left(\dfrac{\pi}{2}-\dfrac{t}{2}\right)=2\cos\dfrac{t}{2}$

であるから，

$$L=\mathrm{AS}+\mathrm{ST}+\mathrm{TB}\leqq4\sin\frac{t}{4}+2\cos\frac{t}{2}$$
$$=4\sin\frac{t}{4}+2\left(1-2\sin^2\frac{t}{4}\right)$$
$$=-4\left(\sin\frac{t}{4}-\frac{1}{2}\right)^2+3$$

よって，$L\leqq3$が成り立つ．等号は，

$$\theta=\frac{t}{2}かつ\sin\frac{t}{4}=\frac{1}{2}のとき．$$

$0<\dfrac{t}{4}<\dfrac{\pi}{4}$により，$\dfrac{t}{4}=\dfrac{\pi}{6}$　　∴　$\boldsymbol{t=\dfrac{2}{3}\pi}$，$\boldsymbol{\theta=\dfrac{\pi}{3}}$

⇒**注** （1） A(1, 0)，S$(\cos\theta,\ \sin\theta)$から

$$\mathrm{AS}=\sqrt{(\cos\theta-1)^2+\sin^2\theta}=\sqrt{2-2\cos\theta}$$

とした場合は，さらに半角の公式を用いて

$$\mathrm{AS}=\sqrt{2(1-\cos\theta)}=\sqrt{2\cdot2\sin^2\frac{\theta}{2}}=2\sin\frac{\theta}{2}$$

とすれば$\sqrt{\quad}$は解消される．

4 （ア） P$(\cos\theta,\ \sin\theta)$とおいて計算しよう．

（イ） $x=\cos\theta$，$y=\sin\theta$とおくことができる．

解 （ア） Pは$x^2+y^2=1$上の点だから，P$(\cos\theta,\ \sin\theta)$ $(0\leqq\theta<2\pi)$とおける．

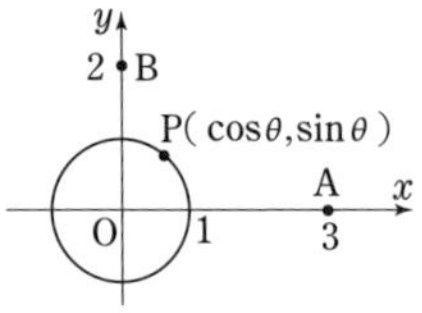

このとき，

$$\mathrm{PA}^2+\mathrm{PB}^2$$
$$=(\cos\theta-3)^2+\sin^2\theta+\cos^2\theta+(\sin\theta-2)^2$$
$$=\cos^2\theta-6\cos\theta+9+\sin^2\theta$$
$$\qquad+\cos^2\theta+\sin^2\theta-4\sin\theta+4$$
$$=2+9+4-6\cos\theta-4\sin\theta$$
$$=15-\sqrt{52}\left(\cos\theta\cdot\frac{6}{\sqrt{52}}+\sin\theta\cdot\frac{4}{\sqrt{52}}\right)$$
$$=15-2\sqrt{13}\cos(\theta-\alpha)\ \cdots\cdots①$$

ただし，αは右に示す角である．

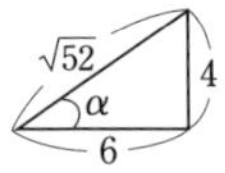

①は$\cos(\theta-\alpha)=-1$すなわち$\theta-\alpha=\pi$のとき最大になるから，

$\mathrm{PA}^2+\mathrm{PB}^2$の**最大値**は$\boldsymbol{15+2\sqrt{13}}$，

そのときのPの$\boldsymbol{x}$**座標**は

$$\cos\theta=\cos(\alpha+\pi)=-\cos\alpha=-\frac{6}{\sqrt{52}}=\boldsymbol{-\frac{3}{\sqrt{13}}}$$

⇒**注** 他の解法も考えられる．

【線形計画法】

P$(x,\ y)$とおくと，

$\mathrm{PA}^2+\mathrm{PB}^2=15-(6x+4y)$

となるから，$x^2+y^2=1\ \cdots\cdots②$

のときの $6x+4y=k\ \cdots\cdots③$

の最小値を考えればよい．

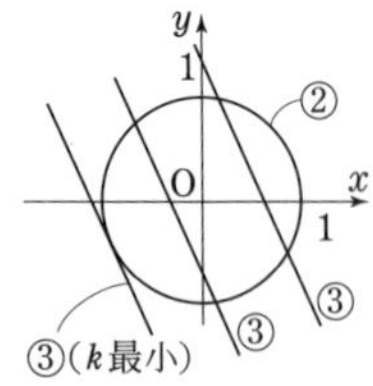

これは②と③が図のように接する場合であるから，Oと③の距離について，

$$\frac{|k|}{\sqrt{6^2+4^2}}=1\qquad∴\quad k=-2\sqrt{13}$$

【視覚的解法】

ABの中点$\left(\dfrac{3}{2},\ 1\right)$をMとすると，中線定理により，

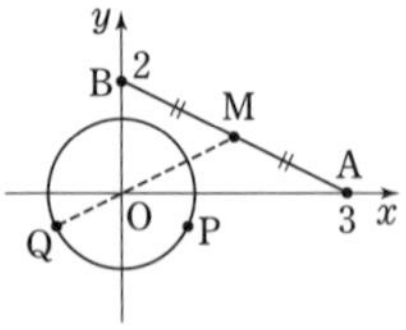

$$\mathrm{PA}^2+\mathrm{PB}^2=2(\mathrm{PM}^2+\mathrm{MA}^2)$$

よって，PMが最大になるPを求めればよく，それは右図のQである．

(イ) $x^2+y^2=1$ により，$x=\cos\theta$，$y=\sin\theta$ $(0\leqq\theta<2\pi)$ とおける.

$$4x^2+4xy+y^2$$
$$=4\cos^2\theta+4\cos\theta\sin\theta+\sin^2\theta$$
$$=4\cdot\frac{1+\cos2\theta}{2}+2\sin2\theta+\frac{1-\cos2\theta}{2}$$
$$=\frac{1}{2}(3\cos2\theta+4\sin2\theta)+\frac{5}{2}$$
$$=\frac{5}{2}\cos(2\theta-\alpha)+\frac{5}{2}\ \cdots\cdots①$$

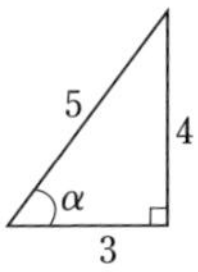

ただし α は右に示す角である.

$\cos(2\theta-\alpha)$ の取り得る値の範囲は -1 以上 1 以下であるから，

①の**最小値**は $-\frac{5}{2}+\frac{5}{2}=\mathbf{0}$，**最大値**は $\frac{5}{2}+\frac{5}{2}=\mathbf{5}$

⇨注 $4x^2+4xy+y^2=(2x+y)^2\cdots\cdots②$ なので，$2x+y$ の取り得る値の範囲を考えてもよい.

このあとは，例えば，(ア)の注の線形計画法と同様に，$x^2+y^2=1\cdots\cdots③$ のときの $2x+y=k\cdots\cdots④$ の取り得る値の範囲を求めればよい．円③と直線④が共有点をもつ条件（中心 O と④の距離≦1）を考えて，

$$\frac{|k|}{\sqrt{2^2+1^2}}\leqq1 \qquad \therefore\ |k|\leqq\sqrt{5}$$

となる．これから，$0\leqq②\leqq5$ が分かる.

また，$x=\cos\theta$，$y=\sin\theta$ とおいて，$2x+y$ を合成してもよい.

5 (3) (2)の連立方程式から定数項を消して ●x＋▲$y=0$ の形の式を作る.

(4) 前半： AB の中点を N として $\overrightarrow{\mathrm{NO'}}$ を考える．$\overrightarrow{\mathrm{NO'}}$ は $\overrightarrow{\mathrm{BA}}$ に垂直だから，$\overrightarrow{\mathrm{BA}}$ を 90° 回転して長さを調節すれば求められる.

後半： O，M，O′ が一直線上にあることを示す．OM の傾きは(2)で求めた $\frac{y_0}{x_0}$ で OO′ の傾きは $\frac{\mathrm{O'}\text{の}y\text{座標}}{\mathrm{O'}\text{の}x\text{座標}}$ だから，これらが等しいことを言えばよい.

解 (1) ∠A′OB$=\theta$ とおく．$t=\tan\theta$ である.

下左図より，$\mathbf{A'(-rt,\ r)}$，$\mathbf{B'(1,\ -t)}$

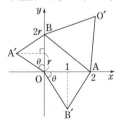

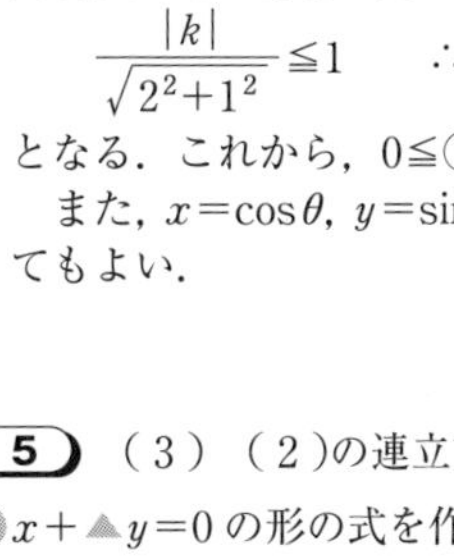

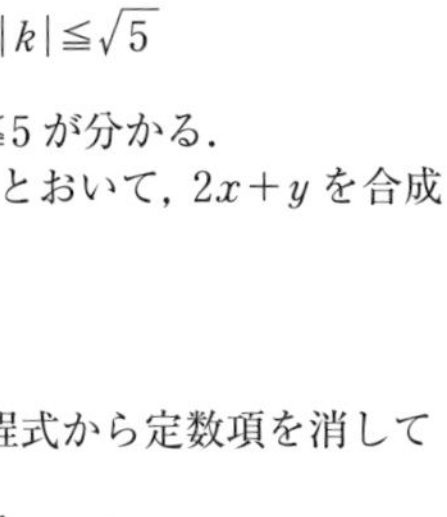

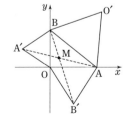

(2) A(2, 0)，B(0, 2r) と(1)の結果より

AA′： $y=\frac{-r}{2+rt}(x-2)$

$\therefore\ \boldsymbol{rx+(2+rt)y=2r}$

BB′： $y=(-t-2r)x+2r$

$\therefore\ \boldsymbol{(t+2r)x+y=2r}$

(3) M(x_0, y_0) は AA′ 上，BB′ 上の点なので

$rx_0+(2+rt)y_0=2r\ \cdots\cdots①$

$(t+2r)x_0+y_0=2r\ \cdots\cdots②$

①−②より，

$-(t+r)x_0+(1+rt)y_0=0$

$$\therefore\ \boldsymbol{\frac{y_0}{x_0}=\frac{t+r}{1+rt}}$$

(4) AB の中点を N(1, r) とする.

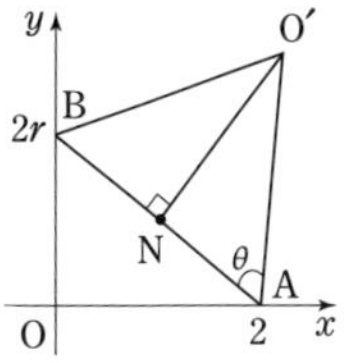

$\overrightarrow{\mathrm{NO'}}$ は $\overrightarrow{\mathrm{AB}}=2\begin{pmatrix}-1\\r\end{pmatrix}$ と垂直で右上向きだから $\begin{pmatrix}r\\1\end{pmatrix}$ と同じ向きである．また，

$$\mathrm{NO'}=\mathrm{AN}\tan\theta=\frac{\mathrm{AB}}{2}\cdot t=\sqrt{1+r^2}\,t$$

であるから，$\left|\begin{pmatrix}r\\1\end{pmatrix}\right|=\sqrt{r^2+1}$ に注意すると，

$$\overrightarrow{\mathrm{NO'}}=t\begin{pmatrix}r\\1\end{pmatrix}$$

よって，

$$\overrightarrow{\mathrm{OO'}}=\overrightarrow{\mathrm{ON}}+\overrightarrow{\mathrm{NO'}}=\begin{pmatrix}1\\r\end{pmatrix}+t\begin{pmatrix}r\\1\end{pmatrix}=\begin{pmatrix}1+rt\\r+t\end{pmatrix}$$

$\therefore\ \mathbf{O'(1+\boldsymbol{rt},\ \boldsymbol{r+t})}$

このとき OO′ の傾きは $\frac{r+t}{1+rt}$ であり，これは OM の傾き $\frac{y_0}{x_0}$ に等しいから，O，M，O′ は一直線上にある．すなわち，3 直線 AA′，BB′，OO′ は 1 点で交わる.

6 (2)もあるので，ベクトルを活用する．∠ADB=90° に着目して，D を始点にしよう.

解 (1) D を始点とするベクトルを $\overrightarrow{\mathrm{DA}}=\vec{a}$ などとおく.

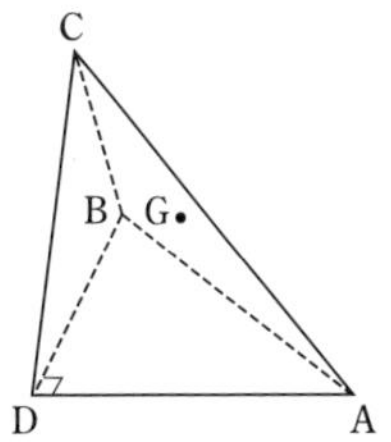

$$\mathrm{AB}^2+\mathrm{CD}^2$$
$$=\mathrm{BC}^2+\mathrm{AD}^2$$
$$=\mathrm{AC}^2+\mathrm{BD}^2$$

のとき，

$$|\vec{b}-\vec{a}|^2+|-\vec{c}|^2=|\vec{c}-\vec{b}|^2+|-\vec{a}|^2=|\vec{c}-\vec{a}|^2+|-\vec{b}|^2$$
$$\therefore\ |\vec{a}|^2+|\vec{b}|^2+|\vec{c}|^2-2\vec{a}\cdot\vec{b}$$
$$=|\vec{a}|^2+|\vec{b}|^2+|\vec{c}|^2-2\vec{b}\cdot\vec{c}$$
$$=|\vec{a}|^2+|\vec{b}|^2+|\vec{c}|^2-2\vec{c}\cdot\vec{a}$$
$$\therefore\ \vec{a}\cdot\vec{b}=\vec{b}\cdot\vec{c}=\vec{c}\cdot\vec{a}$$

$\angle\mathrm{ADB}=90^\circ$ であるから，$\vec{a}\cdot\vec{b}=0$．よって，

$$\vec{a}\cdot\vec{b}=\vec{b}\cdot\vec{c}=\vec{c}\cdot\vec{a}=0\ \cdots\cdots\cdots\cdots\cdots\cdots\cdots\cdots☆$$

$\vec{b}\cdot\vec{c}=0$ により，$\angle\mathbf{BDC=90^\circ}$

（２） 以下，☆を使って計算する．

$$\mathrm{AB}^2+\mathrm{CD}^2=|\vec{b}-\vec{a}|^2+|-\vec{c}|^2$$
$$=|\vec{a}|^2+|\vec{b}|^2+|\vec{c}|^2-2\vec{a}\cdot\vec{b}=|\vec{a}|^2+|\vec{b}|^2+|\vec{c}|^2$$
$$\therefore\ \sqrt{\mathrm{AB}^2+\mathrm{CD}^2}=\sqrt{|\vec{a}|^2+|\vec{b}|^2+|\vec{c}|^2}$$

一方，$\vec{g}=\dfrac{1}{3}(\vec{a}+\vec{b}+\vec{c})$ であるから，

$$\mathrm{DG}^2=\frac{1}{3^2}|\vec{a}+\vec{b}+\vec{c}|^2$$
$$=\frac{1}{3^2}(|\vec{a}|^2+|\vec{b}|^2+|\vec{c}|^2+2\vec{a}\cdot\vec{b}+2\vec{b}\cdot\vec{c}+2\vec{c}\cdot\vec{a})$$
$$=\frac{1}{3^2}(|\vec{a}|^2+|\vec{b}|^2+|\vec{c}|^2)$$
$$\therefore\ \mathrm{DG}=\frac{\sqrt{|\vec{a}|^2+|\vec{b}|^2+|\vec{c}|^2}}{3}$$
$$\therefore\ \frac{\sqrt{\mathbf{AB^2+CD^2}}}{\mathbf{DG}}=\mathbf{3}$$

別解 ［（１） 問題文の条件式から，三平方の定理が連想され，$\angle\mathrm{BDC}=90^\circ$ と見当がつく．同様に $\angle\mathrm{ADC}=90^\circ$ が成り立つので，（２）では，D を原点とする座標を設定して解いてみよう］

（１） $\mathrm{AB}^2+\mathrm{CD}^2=\mathrm{BC}^2+\mathrm{AD}^2=\mathrm{AC}^2+\mathrm{BD}^2$ …………①

$\angle\mathrm{ADB}=90^\circ$ ……………………………②

［目標は，$\angle\mathrm{BDC}=90^\circ$ なので，$\mathrm{BC}^2=\mathrm{BD}^2+\mathrm{CD}^2$ を導く］

②と三平方の定理により，$\mathrm{AB}^2=\mathrm{AD}^2+\mathrm{BD}^2$ ………③

③を①の左辺に代入して，左辺＝中辺 から

$$\mathrm{AD}^2+\mathrm{BD}^2+\mathrm{CD}^2=\mathrm{BC}^2+\mathrm{AD}^2$$
$$\therefore\ \mathrm{BD}^2+\mathrm{CD}^2=\mathrm{BC}^2\ \cdots\cdots\cdots\cdots④$$

よって，三平方の定理の逆により，

$\angle\mathbf{BDC=90^\circ}$

（２） ④により，$\mathrm{BC}^2=\mathrm{BD}^2+\mathrm{CD}^2$ であり，①の中辺に代入して，中辺＝右辺 から

$$\mathrm{BD}^2+\mathrm{CD}^2+\mathrm{AD}^2=\mathrm{AC}^2+\mathrm{BD}^2$$
$$\therefore\ \mathrm{CD}^2+\mathrm{AD}^2=\mathrm{AC}^2$$

よって，三平方の定理の逆により，$\angle\mathrm{ADC}=90^\circ$

$\angle\mathrm{ADB}=\angle\mathrm{BDC}=\angle\mathrm{ADC}=90^\circ$ であるから，

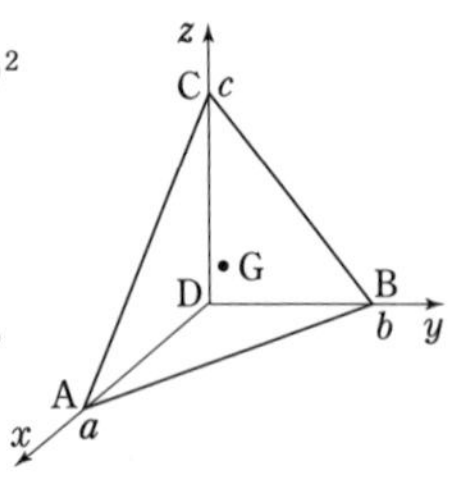

D(0, 0, 0)，A(a, 0, 0)，B(0, b, 0)，C(0, 0, c) となる座標を設定することができる．このとき，

$$\mathrm{AB}^2+\mathrm{CD}^2=a^2+b^2+c^2$$
$$\therefore\ \sqrt{\mathrm{AB}^2+\mathrm{CD}^2}=\sqrt{a^2+b^2+c^2}$$

一方，$\mathrm{G}\left(\dfrac{a}{3},\ \dfrac{b}{3},\ \dfrac{c}{3}\right)$ であるから，

$$\mathrm{DG}=\frac{1}{3}\sqrt{a^2+b^2+c^2}$$
$$\therefore\ \frac{\sqrt{\mathbf{AB^2+CD^2}}}{\mathbf{DG}}=\mathbf{3}$$

７ A，B，C が対等なので，O を始点としたベクトルを考える．$\overrightarrow{\mathrm{OA'}}$ を $\overrightarrow{\mathrm{OA}}$，$\overrightarrow{\mathrm{OB}}$，$\overrightarrow{\mathrm{OC}}$ で表す．

△A′B′C′ と △ABC の相似比を求めるから，$\overrightarrow{\mathrm{A'B'}}$ を計算してみよう．

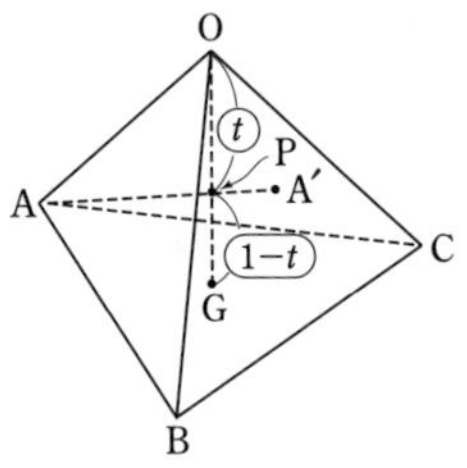

解 $\overrightarrow{\mathrm{OA}}=\vec{a}$，$\overrightarrow{\mathrm{OB}}=\vec{b}$，$\overrightarrow{\mathrm{OC}}=\vec{c}$ とおく．

$$\overrightarrow{\mathrm{OG}}=\frac{1}{3}(\vec{a}+\vec{b}+\vec{c})$$
$$\overrightarrow{\mathrm{OP}}=t\overrightarrow{\mathrm{OG}}$$
$$=\frac{t}{3}(\vec{a}+\vec{b}+\vec{c})$$

である．点 A′ は直線 AP 上にあるから，$\overrightarrow{\mathrm{AA'}}=x\overrightarrow{\mathrm{AP}}$ とおくと，

$$\overrightarrow{\mathrm{OA'}}=\overrightarrow{\mathrm{OA}}+x\overrightarrow{\mathrm{AP}}=\vec{a}+x\left\{\frac{t}{3}(\vec{a}+\vec{b}+\vec{c})-\vec{a}\right\}\ \cdots\cdots①$$

と表せる．

A′ は面 OBC 上にあるから，①の $\vec{a}$ の係数は 0

よって，$1+x\left(\dfrac{t}{3}-1\right)=0$　　$\therefore\ x=\dfrac{3}{3-t}$ …………②

①に代入して，$\overrightarrow{\mathrm{OA'}}=\dfrac{t}{3-t}(\vec{b}+\vec{c})$

同様に，$\overrightarrow{\mathrm{OB'}}=\dfrac{t}{3-t}(\vec{c}+\vec{a})$，$\overrightarrow{\mathrm{OC'}}=\dfrac{t}{3-t}(\vec{a}+\vec{b})$

したがって，

$$\overrightarrow{\mathrm{A'B'}}=\overrightarrow{\mathrm{OB'}}-\overrightarrow{\mathrm{OA'}}=\frac{t}{3-t}(\vec{a}-\vec{b})=\frac{t}{3-t}\overrightarrow{\mathrm{BA}}$$

同様に，$\overrightarrow{\mathrm{B'C'}}=\dfrac{t}{3-t}\overrightarrow{\mathrm{CB}}$，$\overrightarrow{\mathrm{C'A'}}=\dfrac{t}{3-t}\overrightarrow{\mathrm{AC}}$

よって，△A′B′C′∽△ABC で，相似比は $\dfrac{\boldsymbol{t}}{\mathbf{3}-\boldsymbol{t}}:\mathbf{1}$

別解 ［△A′B′C′ は，P を中心に △ABC を相似拡大したものと予想されることに着目］

（解答の②以降）

$\overrightarrow{\mathrm{AA'}}=x\overrightarrow{\mathrm{AP}}$ を，始点が P のベクトルに直すと，

$\overrightarrow{PA'}-\overrightarrow{PA}=-x\overrightarrow{PA}$　　$\therefore$　$\overrightarrow{PA'}=(1-x)\overrightarrow{PA}$

②を代入して，$\overrightarrow{PA'}=-\dfrac{t}{3-t}\overrightarrow{PA}$

同様に，$\overrightarrow{PB'}=-\dfrac{t}{3-t}\overrightarrow{PB}$，$\overrightarrow{PC'}=-\dfrac{t}{3-t}\overrightarrow{PC}$

したがって，△A′B′C′ は △ABC を P を中心として逆向きに $\dfrac{t}{3-t}$ 倍に相似拡大したものであり，相似比は $\boldsymbol{\dfrac{t}{3-t}:1}$ である．

*　　　　　*

例題は一部省略して取り上げたが，ここで，省略した設問とその解答を紹介しよう．

> ○7 （4） 対角線 AC と BD の長さが等しいとき，線分 PR と QS は直交することを示せ．

解　（4） $AC^2=BD^2$ により，

$$|\vec{c}-\vec{a}|^2=|\vec{d}-\vec{b}|^2$$

であるから，［分数を避けるため $\overrightarrow{PR}$ などを 2 倍し］

$$\begin{aligned}2\overrightarrow{PR}\cdot2\overrightarrow{QS}&=(2\vec{r}-2\vec{p})\cdot(2\vec{s}-2\vec{q})\\&=\{(\vec{c}+\vec{d})-(\vec{a}+\vec{b})\}\cdot\{(\vec{a}+\vec{d})-(\vec{b}+\vec{c})\}\\&=\{(\vec{d}-\vec{b})+(\vec{c}-\vec{a})\}\cdot\{(\vec{d}-\vec{b})-(\vec{c}-\vec{a})\}\\&=|\vec{d}-\vec{b}|^2-|\vec{c}-\vec{a}|^2=0\end{aligned}$$

したがって，PR⊥QS

8　（2） 合成する．$f(x)$ の最大値が 1 以下となる条件を求めればよい．

（3） 座標平面上で包含関係を考える．

解　（1）
$$\begin{aligned}f(x)&=4a\sin x\cos x+2b\cos^2x\\&=4a\cdot\frac{1}{2}\sin2x+2b\cdot\frac{1+\cos2x}{2}\\&=\boldsymbol{2a\sin2x+b\cos2x+b}\end{aligned}$$

（2） $(a,\ b)=(0,\ 0)$ のとき，$f(x)=0$ であるから，

「すべての実数 x に対して $f(x)\leqq1$」……………①

が成り立つ．

$(a,\ b)\neq(0,\ 0)$ のとき，$f(x)$ の式を合成して，

$$f(x)=\sqrt{4a^2+b^2}\sin(2x+\gamma)+b$$

（ただし γ は，$\cos\gamma=\dfrac{2a}{\sqrt{4a^2+b^2}}$，$\sin\gamma=\dfrac{b}{\sqrt{4a^2+b^2}}$ を満たす定角 $(0\leqq\gamma<2\pi)$）

よって，$f(x)$ の最大値は $\sqrt{4a^2+b^2}+b$ であるから，①が成り立つための条件は，

$$\sqrt{4a^2+b^2}+b\leqq1$$

よって，$\sqrt{4a^2+b^2}\leqq1-b$

$\therefore$　$4a^2+b^2\leqq(1-b)^2$ かつ $1-b\geqq0$

$\therefore$　$b\leqq-2a^2+\dfrac{1}{2}$ かつ $b\leqq1$

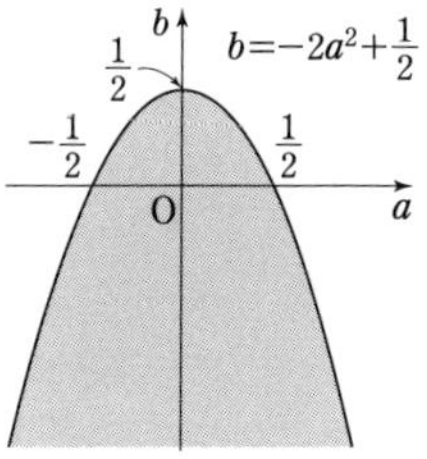

以上より，点 $(a,\ b)$ の範囲は右図の網目部分（境界を含む）となる．

（3） R の最大値を求めるので $R>0$ として考えればよい．

このとき，$a^2+b^2\leqq R$ を満たす a，b について①が成り立つ条件は，円板 $a^2+b^2\leqq R$ が（2）の範囲に含まれることであり，さらにそれは，曲線 C：$b=-2a^2+\dfrac{1}{2}$ 上のすべての点が $a^2+b^2\geqq R$ を満たすことと同値である．

ここで，C 上の点 $(a,\ b)\left(a^2=-\dfrac{1}{2}b+\dfrac{1}{4},\ b\leqq\dfrac{1}{2}\right)$ に対して，

$$a^2+b^2=b^2-\frac{1}{2}b+\frac{1}{4}=\left(b-\frac{1}{4}\right)^2+\frac{3}{16}$$

の最小値は $\dfrac{3}{16}$ であるから，求める最大値は $\boldsymbol{\dfrac{3}{16}}$

9　中心の y 座標も設定して，r_n と r_{n+1} の関係をとらえよう．また，円 C_n と放物線 $y=x^2$ が 2 点で接する条件は，y の重解条件に結びつけることができるが，別解のようにとらえることもできる．

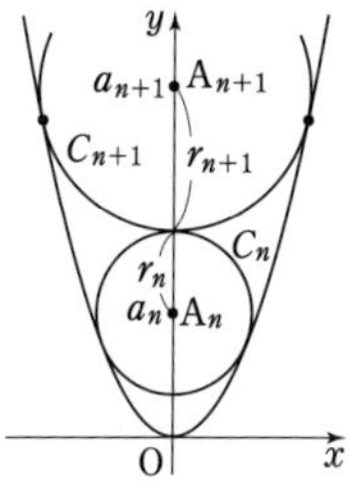

解　円 C_n の中心を $A_n(0,\ a_n)$ とおくと，C_n の方程式は

$x^2+(y-a_n)^2=r_n{}^2$ ……①

これが放物線 $y=x^2$　……②

と 2 点で接するから，①，② から x を消去して得られる

y の方程式　$y+(y-a_n)^2=r_n{}^2$

すなわち，　$y^2-(2a_n-1)y+(a_n{}^2-r_n{}^2)=0$ ………③

が $y>0$ である重解をもつ．その条件は，③の判別式を D とすると，

$$\begin{cases}D=(2a_n-1)^2-4(a_n{}^2-r_n{}^2)=0\\(\text{重解})=\dfrac{(2\text{解の和})}{2}=\dfrac{2a_n-1}{2}>0\end{cases}$$

$\therefore$　$a_n=r_n{}^2+\dfrac{1}{4}$ …………④，$a_n>\dfrac{1}{2}$ ……………⑤

また，円 C_n と C_{n+1} が外接するから，

$$A_nA_{n+1}=r_n+r_{n+1}$$

$\therefore$　$a_{n+1}-a_n=r_n+r_{n+1}$

これと④により，

$$\left(r_{n+1}{}^2+\frac{1}{4}\right)-\left(r_n{}^2+\frac{1}{4}\right)=r_{n+1}+r_n$$

$\therefore\quad (r_{n+1}+r_n)(r_{n+1}-r_n)=r_{n+1}+r_n$

$r_{n+1}+r_n$ で割り，$r_{n+1}-r_n=1$

よって，$\{r_n\}$ は公差 1 の等差数列であり，$r_1=1$ であるから，　　$\boldsymbol{r_n=n}$

（このとき，④から $a_n=n^2+\dfrac{1}{4}$ であり，⑤を満たす）

別解　［接点で，接線を共有することに着目すると］

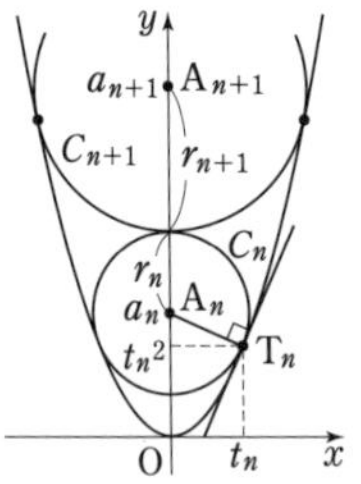

接点を $T_n(t_n,\ t_n{}^2)$，C_n の中心を $A_n(0,\ a_n)$ とおく．A_nT_n は T_n における $y=x^2$ の接線（傾き $2t_n$）に垂直で T_n を通るから，

$$y=-\frac{1}{2t_n}(x-t_n)+t_n{}^2$$

A_n の座標を代入して，$a_n=\dfrac{1}{2}+t_n{}^2$ ……………………⑥

$A_nT_n{}^2=t_n{}^2+(a_n-t_n{}^2)^2=t_n{}^2+\dfrac{1}{4}$ により $r_n{}^2=t_n{}^2+\dfrac{1}{4}$

これと⑥により，④が得られる．［以下省略］

10　（1）x か y を固定する（y 固定の方がよい）他に，三角形の内部または周にある格子点の個数として，長方形を補助に一挙に数える手もある（☞別解）．

（2）まず z を固定すると（1）が利用できる．式の形から，$n-z$ を k と固定（$z=n-k$ と固定）しよう．

解　（1）$\dfrac{x}{3}+\dfrac{y}{2}\leqq k$，$x\geqq 0$ により，

$$0\leqq x\leqq 3k-\frac{3}{2}y \quad\cdots\cdots①$$

（ⅰ）$y=2j$（$j=0,\ 1,\ \cdots,\ k$）のとき，①は $0\leqq x\leqq 3k-3j$ だから，整数 x は $3k-3j+1$ 個．

（ⅱ）$y=2j+1$（$j=0,\ 1,\ \cdots,\ k-1$）のとき（ただし $k\geqq 1$ の場合），①は $0\leqq x\leqq 3k-3j-\dfrac{3}{2}$

だから，整数 x は $0\leqq x\leqq 3k-3j-2$ の $3k-3j-1$ 個．

以上から，$k\geqq 1$ のとき，

$$a_k=\sum_{j=0}^{k}(3k-3j+1)+\sum_{j=0}^{k-1}(3k-3j-1)$$

$$=\left\{\sum_{j=0}^{k-1}(3k-3j+1)\right\}+1+\sum_{j=0}^{k-1}(3k-3j-1)$$

$$=\left\{\sum_{j=0}^{k-1}\{(3k-3j+1)+(3k-3j-1)\}\right\}+1$$

$$=\left\{\sum_{j=0}^{k-1}6(k-j)\right\}+1=6\{k+(k-1)+\cdots+1\}+1$$

$$=6(1+2+\cdots+k)+1=\boldsymbol{3k(k+1)+1}\quad\cdots\cdots②$$

$k=0$ のとき $(x,\ y)=(0,\ 0)$，$a_0=1$ だから②で良い．

（2）$\dfrac{x}{3}+\dfrac{y}{2}\leqq n-z$ だから，$n-z=k$（k は $0\leqq k\leqq n$ の整数）と固定すると，$(x,\ y)$ の組は a_k 個．よって，

$$b_n=\sum_{k=0}^{n}a_k=\sum_{k=0}^{n}\{3k(k+1)+1\}$$

$$=\sum_{k=0}^{n}\{k(k+1)(k+2)-(k-1)k(k+1)\}+n+1$$

$$=n(n+1)(n+2)+n+1=\boldsymbol{(n+1)^3}$$

別解　（1）a_k は図の△OAB の内部と周に含まれる格子点の個数．対称性より△CBA の内部と周に含まれる格子点の個数も a_k である．

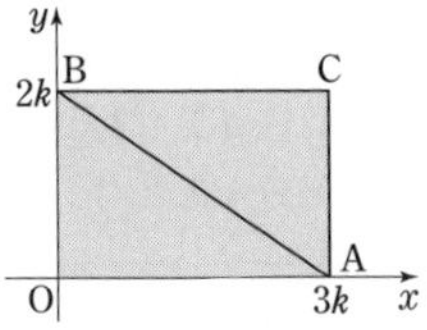

一方，▭OACB の内部と周の格子点は $(3k+1)(2k+1)$ 個，線分 AB 上の格子点は，

AB：$y=2k-\dfrac{2}{3}x$ より，$x=0,\ 3,\ 6,\ \cdots,\ 3k$ の $k+1$ 個あるから，$2a_k=(3k+1)(2k+1)+(k+1)$

$$\therefore\quad \boldsymbol{a_k=3k^2+3k+1}$$

11　（2）二項係数 ${}_nC_r$ はもちろん整数である．（1）が利用できる．

（3）（2）を利用する．${}_pC_k$ を登場させるため，二項定理を用いる．$2^p=(1+1)^p$ を展開する．

解　（1）$p\cdot{}_{p-1}C_{k-1}=p\cdot\dfrac{(p-1)!}{(k-1)!(p-k)!}$

$$=\frac{p!}{(k-1)!(p-k)!}=k\cdot\frac{p!}{k!(p-k)!}=k\cdot{}_pC_k$$

よって，　$p\cdot{}_{p-1}C_{k-1}=k\cdot{}_pC_k$ ……………………①

（2）①の左辺は p の倍数であるから，$k\cdot{}_pC_k$ も p の倍数である．一方，p は素数であるから，$1\leqq k\leqq p-1$ のとき，k と p は互いに素である．

したがって，${}_pC_k$ は p の倍数である．

（3）二項定理により，

$$2^p=(1+1)^p={}_pC_0+{}_pC_1+{}_pC_2+\cdots+{}_pC_{p-1}+{}_pC_p$$
$$=2+({}_pC_1+{}_pC_2+\cdots+{}_pC_{p-1})$$

$\therefore\quad 2^p-2={}_pC_1+{}_pC_2+\cdots+{}_pC_{p-1}$ ……………………②

（2）により，②は p の倍数である．

⇨**注**　（3）と $2^p-2=2(2^{p-1}-1)$ により，p が 3 以上の素数ならば，$2^{p-1}-1$ は p の倍数である．

一般に，p が素数で a と p が互いに素のとき，

$a^{p-1}-1$ は p の倍数
であることが知られている（フェルマーの小定理）.

12 （３） 与式の左辺を簡単な形にするには？と考えると(１)(２)が使える.

解 （１） 二項定理より,

$$(1+x)^n=\sum_{k=0}^{n}{}_n\mathrm{C}_k x^k$$

$x=-1$ を代入すると,

$$0={}_n\mathrm{C}_0+{}_n\mathrm{C}_1(-1)+{}_n\mathrm{C}_2(-1)^2+\cdots+{}_n\mathrm{C}_n(-1)^n$$

$$\therefore\quad {}_n\mathrm{C}_0-{}_n\mathrm{C}_1+{}_n\mathrm{C}_2-\cdots+(-1)^n{}_n\mathrm{C}_n=0 \cdots\cdots\cdots\cdots ①$$

（２）
$$\frac{k}{n}{}_n\mathrm{C}_k=\frac{k}{n}\cdot\frac{n!}{k!(n-k)!}$$
$$=\frac{k}{n}\cdot\frac{n\cdot(n-1)!}{k\cdot(k-1)!\{n-1-(k-1)\}!}$$
$$=\frac{(n-1)!}{(k-1)!\{n-1-(k-1)\}!}={}_{n-1}\mathrm{C}_{k-1}$$

（３） (２)により, $\dfrac{{}_{n-1}\mathrm{C}_{k-1}}{k}=\dfrac{{}_n\mathrm{C}_k}{n}$ であるから,

$$\frac{1}{1}{}_{n-1}\mathrm{C}_0+\frac{(-1)^1}{2}{}_{n-1}\mathrm{C}_1+\frac{(-1)^2}{3}{}_{n-1}\mathrm{C}_2+\cdots+\frac{(-1)^{n-1}}{n}{}_{n-1}\mathrm{C}_{n-1}$$

$$=\frac{{}_n\mathrm{C}_1}{n}+\frac{{}_n\mathrm{C}_2(-1)^1}{n}+\cdots+\frac{{}_n\mathrm{C}_n(-1)^{n-1}}{n}$$

$$=\frac{1}{n}\underbrace{\{{}_n\mathrm{C}_1-{}_n\mathrm{C}_2+\cdots+{}_n\mathrm{C}_n(-1)^{n-1}\}}_{\sim\sim\sim} \cdots\cdots\cdots\cdots\cdots\cdots ②$$

①より, $\sim\sim\sim={}_n\mathrm{C}_0=1$ となるから, ②$=\dfrac{1}{n}$

よって, 題意は示された.

➡**注** $(1-x)^{n-1}$

$$={}_{n-1}\mathrm{C}_0-{}_{n-1}\mathrm{C}_1x+\cdots\cdots+(-1)^{n-1}{}_{n-1}\mathrm{C}_{n-1}x^{n-1}$$

の両辺を０から１まで積分することで, (３)を示すこともできる.

実行してみると,
左辺について,

$$\int_0^1(1-x)^{n-1}dx=\int_0^1\{-(x-1)\}^{n-1}dx$$
$$=\int_0^1(-1)^{n-1}(x-1)^{n-1}dx=\left[\frac{(-1)^{n-1}(x-1)^n}{n}\right]_0^1$$
$$=\left[-\frac{(1-x)^n}{n}\right]_0^1=\frac{1}{n}$$

右辺について,

$$\int_0^1({}_{n-1}\mathrm{C}_0-{}_{n-1}\mathrm{C}_1x+\cdots+(-1)^{n-1}{}_{n-1}\mathrm{C}_{n-1}x^{n-1})\,dx$$
$$=\left[\frac{{}_{n-1}\mathrm{C}_0}{1}x-\frac{{}_{n-1}\mathrm{C}_1}{2}x^2+\cdots+\frac{(-1)^{n-1}{}_{n-1}\mathrm{C}_{n-1}}{n}x^n\right]_0^1$$
$$=\frac{1}{1}{}_{n-1}\mathrm{C}_0+\frac{(-1)}{2}{}_{n-1}\mathrm{C}_1+\cdots+\frac{(-1)^{n-1}}{n}{}_{n-1}\mathrm{C}_{n-1}$$

13 BとCのどちらにいるかで場合分けする必要はない. AとA以外の２つに分けるだけでOKである.

解

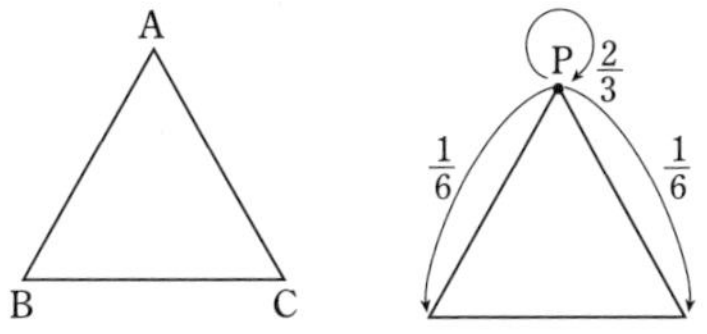

（１） $n+1$ 分後にPがA上にあるのは, n 分後に,
1° A上にあり（確率 p_n）, Aに留まる
2° A以外にあり（確率 $1-p_n$）, Aに移動する
のいずれかの場合であるから,

$$p_{n+1}=p_n\cdot\frac{2}{3}+\underline{(1-p_n)\cdot\frac{1}{6}}=\boldsymbol{\frac{1}{2}p_n+\frac{1}{6}} \cdots\cdots\cdots\cdots ①$$

（２） $\alpha=\dfrac{1}{2}\alpha+\dfrac{1}{6}$ ……② とすると, $\alpha=\dfrac{1}{3}$ であり,

①−②により, $p_{n+1}-\dfrac{1}{3}=\dfrac{1}{2}\left(p_n-\dfrac{1}{3}\right)$

$$\therefore\quad p_n-\frac{1}{3}=\left(\frac{1}{2}\right)^n\left(p_0-\frac{1}{3}\right)$$

$p_0=1$ であるから, $\boldsymbol{p_n=\dfrac{1}{3}+\dfrac{1}{3\cdot 2^{n-1}}}$

⇨**注** （１） ①の……を $(1-p_n)\cdot\dfrac{1}{6}\times 2$ としてしまう人がいる（PがBとCのどちらにいるか分けて, ２倍している？）. これが間違いであることは, 次のように考えれば, 納得がいくだろう. ———

n 分後にPがB, C上にある確率は, 対等性により等しいから, ともに $\dfrac{1-p_n}{2}$ である. 解答の2°は,「B→A」,「C→A」に分けられ,

$$\frac{1-p_n}{2}\cdot\frac{1}{6}+\frac{1-p_n}{2}\cdot\frac{1}{6}=(1-p_n)\cdot\frac{1}{6}$$

14 （２） 例題と同様の計算であるが, ここでは階差の形を作る（$iP(X=i)$ の一部を $f_{i+1}-f_i$ にする）.

（３） $|Y-Z|\leqq 1 \iff Y-Z=0,\ \pm 1$ であり, このうち $Y-Z=-1$ となるのは, $Y=i$ かつ $Z=i+1$ （$i=1,\ 2,\ \cdots,\ n-1$）のとき.

解 （１） $X=i$ となるのは,

・$\boldsymbol{i=1,\ 2,\ \cdots,\ n-1}$ **のとき**, $i-1$ 回目まで白玉を取り出し, i 回目に赤玉を取り出す場合だから,

$$\boldsymbol{P(X=i)=p^{i-1}(1-p)}$$

（$i=1$ のときもこれでよい）

・$\boldsymbol{i=n}$ **のとき**, $n-1$ 回目まで白玉を取り出す場合だから, $\boldsymbol{P(X=n)=p^{n-1}}$

（２） (１)により,

$$E(X)=\sum_{i=1}^{n} iP(X=i)$$
$$=\sum_{i=1}^{n-1} i\cdot p^{i-1}(1-p)+np^{n-1}$$
$$=\sum_{i=1}^{n-1}(ip^{i-1}-ip^{i})+np^{n-1}$$
［$ip^{i-1}=f_i$ として f_i-f_{i+1} を作ると］
$$=\sum_{i=1}^{n-1}\{ip^{i-1}-(i+1)p^{i}+p^{i}\}+np^{n-1}$$
$$=\sum_{i=1}^{n-1}\{ip^{i-1}-(i+1)p^{i}\}+\sum_{i=1}^{n-1}p^{i}+np^{n-1}$$
$$=1-np^{n-1}+p\cdot\frac{1-p^{n-1}}{1-p}+np^{n-1}$$
$$=\frac{(1-p)+p(1-p^{n-1})}{1-p}$$
$$=\boldsymbol{\frac{1-p^{n}}{1-p}}$$

（３） $|Y-Z|\leqq 1 \iff Y-Z=0,\ \pm 1$

であり，Y と Z の対等性から，
$$P(Y-Z=1)=P(Y-Z=-1)$$
$$P(Y-Z=0)=\sum_{i=1}^{n}P(Y=i)\cdot P(Z=i)$$
$$=\sum_{i=1}^{n-1}\{p^{i-1}(1-p)\}^2+(p^{n-1})^2$$
$$=(1-p)^2\sum_{i=1}^{n-1}(p^2)^{i-1}+p^{2n-2}$$
$$=(1-p)^2\cdot\frac{1-(p^2)^{n-1}}{1-p^2}+p^{2n-2}$$
$$=\frac{(1-p)(1-p^{2n-2})}{1+p}+p^{2n-2}$$
$$=\frac{1-p^{2n-2}-p+p^{2n-1}+(1+p)p^{2n-2}}{1+p}$$
$$=\frac{1-p+2p^{2n-1}}{1+p}\ \cdots\cdots\text{①}$$
$$P(Y-Z=-1)=\sum_{i=1}^{n-1}P(Y=i)\cdot P(Z=i+1)$$
$$=\sum_{i=1}^{n-2}p^{i-1}(1-p)\cdot p^{i}(1-p)+p^{n-2}(1-p)\cdot p^{n-1}$$
（$n=2$ のときは Σ の項はない）
$$=(1-p)^2p\sum_{i=1}^{n-2}(p^2)^{i-1}+(1-p)p^{2n-3}$$
$$=(1-p)^2p\cdot\frac{1-(p^2)^{n-2}}{\underset{\sim\sim\sim}{1-p^2}}+(1-p)p^{2n-3}$$
（$n=2$ のとき〰〰$=0$ なのでこの式でよい）
$$=\frac{(1-p)p(1-p^{2n-4})}{1+p}+(1-p)p^{2n-3}$$
$$=\frac{p-p^{2n-3}-p^2+p^{2n-2}+(1-p^2)p^{2n-3}}{1+p}$$
$$=\frac{p-p^2+p^{2n-2}-p^{2n-1}}{1+p}\ \cdots\cdots\text{②}$$

以上より，
$$P(|Y-Z|\leqq 1)=\text{①}+\text{②}\times 2$$
$$=\boldsymbol{\frac{1+p-2p^2+2p^{2n-2}}{1+p}}$$

別解 （２） 確率変数 X_m（$m=1,\ 2,\ \cdots,\ n$）を
$$X_m=\begin{cases}1 & (m\text{回目の操作を行うとき})\\ 0 & (m\text{回目の操作を行わないとき})\end{cases}$$
と定めると，
$$P(X_m=1)=P(m-1\text{回目まで白玉を取り出す})$$
$$=p^{m-1}\quad(m=1\text{のときも正しい})$$
であり，$X=X_1+X_2+\cdots+X_n$ であるから，
$$E(X)=E\left(\sum_{m=1}^{n}X_m\right)=\sum_{m=1}^{n}E(X_m)$$
$$=\sum_{m=1}^{n}\{1\cdot P(X_m=1)+0\cdot P(X_m=0)\}$$
$$=\sum_{m=1}^{n}p^{m-1}=\boldsymbol{\frac{1-p^{n}}{1-p}}$$

15 （１） 奇偶を考えるので，２で割った余りを調べる．

（２） $10=2\times 5$ により，５で割った余りを調べる．

解 （１） 以下，合同式は mod 2 とする．

a_n を２で割った余りを r_n とすると，$r_1=1$，$r_2=1$ であり，
$$a_{n+2}=3a_{n+1}-7a_n$$
$$\equiv a_{n+1}+a_n\quad(\because\ 3\equiv 1,\ -7\equiv 1)$$
よって，　$r_{n+2}\equiv r_{n+1}+r_n$ ……①

これを用いて，
$$r_3\equiv 1+1\equiv 0,\ r_4\equiv 0+1\equiv 1,\ \cdots\cdots$$
というように具体的に計算すると次の表を得る．

n	1	2	3	4	5	6	7	8	9	……
r_n	1	1	0	1	1	0	1	1	0	……

①により，r_{n+2} は r_{n+1} と r_n（手前の２項）で決まるが，$r_4\equiv r_1$，$r_5\equiv r_2$ であるので，表とから r_n は「1, 1, 0」の繰り返しとなる．よって，r_n が０になる（すなわち，a_n が偶数になる）のは n が３の倍数となるときであるから，題意は示された．

（２） a_n が $10(=2\times 5)$ の倍数となる条件は，a_n が偶数でかつ５の倍数となることである．

以下，合同式は mod 5 とする．

a_n を５で割った余りを s_n とすると，$s_1=1$，$s_2=3$ であり，

$$a_{n+2}=3a_{n+1}-7a_n$$
$$\equiv 3a_{n+1}+3a_n \quad (\because \ -7\equiv 3)$$
よって，$s_{n+2}\equiv 3s_{n+1}+3s_n=3(s_{n+1}+s_n)$

であり，$s_3\equiv 3(3+1)\equiv 12\equiv 2$，……

というように具体的に計算すると，次の表を得る．

n	1	2	3	4	5	6	……
s_n	1	3	2	0	1	3	……

$s_5=s_1$，$s_6=s_2$ であるから，s_n は「1，3，2，0」の繰り返しとなる．よって，a_n が5の倍数となるのは，n が4の倍数となるときである．

よって，(1)と合わせて，a_n が10の倍数となるための条件は，**n が $3\cdot 4=12$ の倍数となること**である．

16 数学的帰納法を用いる．

(1) $a_k{}^2-5b_k{}^2=4 \Longrightarrow a_{k+1}{}^2-5b_{k+1}{}^2=4$ を，漸化式を使って示す．

(2) 「a_n，b_n は自然数かつ a_n+b_n は偶数」を帰納法の仮定にすることがポイント．a_n+b_n が偶数のとき a_n と b_n はともに偶数かともに奇数であり，これを使うと帰納法が進む．

解 $a_1=3$，$b_1=1$ ……①

$$a_{n+1}=\frac{1}{2}(3a_n+5b_n) \text{ ……②}$$
$$b_{n+1}=\frac{1}{2}(a_n+3b_n) \text{ ……③}$$

(1) $a_n{}^2-5b_n{}^2=4$ ……④ を n に関する数学的帰納法で示す．

• $n=1$ のとき，①より
$$a_1{}^2-5b_1{}^2=9-5=4$$
だから成り立つ．

• $n=k$ のときの④すなわち $a_k{}^2-5b_k{}^2=4$ が成り立つと仮定する．このとき，②③より

$$a_{k+1}{}^2-5b_{k+1}{}^2=\frac{1}{4}(3a_k+5b_k)^2-\frac{5}{4}(a_k+3b_k)^2$$
$$=\frac{1}{4}(9a_k{}^2+30a_kb_k+25b_k{}^2)-\frac{5}{4}(a_k{}^2+6a_kb_k+9b_k{}^2)$$
$$=a_k{}^2-5b_k{}^2=4$$
となるから，④は $n=k+1$ のときも成り立つ．

以上で題意が示された．

(2) 「a_n，b_n は自然数かつ a_n+b_n は偶数」 ……⑤

を n に関する数学的帰納法で示す．

• $n=1$ のとき，①より⑤は成り立つ．

• $n=k$ のときに⑤が成り立つと仮定する．このとき，a_k と b_k はともに偶数またはともに奇数である．

a_k と b_k がともに偶数のとき，

$$a_{k+1}=\frac{1}{2}(3a_k+5b_k)=\frac{1}{2}(\text{偶数}+\text{偶数}) \text{ は自然数}$$
$$b_{k+1}=\frac{1}{2}(a_k+3b_k)=\frac{1}{2}(\text{偶数}+\text{偶数}) \text{ は自然数}$$

であり，a_k と b_k がともに奇数のとき，

$$a_{k+1}=\frac{1}{2}(3a_k+5b_k)=\frac{1}{2}(\text{奇数}+\text{奇数}) \text{ は自然数}$$
$$b_{k+1}=\frac{1}{2}(a_k+3b_k)=\frac{1}{2}(\text{奇数}+\text{奇数}) \text{ は自然数}$$

である．また，②+③（の n を k にしたもの）から
$$a_{k+1}+b_{k+1}=2a_k+4b_k=2(a_k+2b_k)$$
となるので，これは偶数である．

以上で，$n=k+1$ のときにも⑤が成り立つことが示され，題意が証明された．

⇨**注** (2) a_k+b_k が偶数 $\Longrightarrow a_{k+1}$，b_{k+1} は自然数を示すところでは，次のような式変形をすると場合わけは不要になる．

$$a_{k+1}=\frac{1}{2}(3a_k+5b_k)=\underline{\frac{3}{2}(a_k+b_k)}+b_k$$
$$b_{k+1}=\frac{1}{2}(a_k+3b_k)=\underline{\frac{1}{2}(a_k+b_k)}+b_k$$

となり，＿＿ はいずれも自然数だから a_{k+1}，b_{k+1} は自然数．

17 (1) 背理法で示す．「p と q はともに奇数」でないと仮定し，$x=\dfrac{q}{p}$ を方程式に代入して矛盾を導けばよい．「　」の否定は p と q の少なくとも一方が偶数だが，$\dfrac{q}{p}$ が既約分数なので p と q がともに偶数ということはない．

(2) これも背理法で示す．(1)で書いた式をもう一度見てみよう．

解 (1) 背理法で示す．$ax^2+bx+c=0$ が有理数解 $x=\dfrac{q}{p}$（既約分数）をもち，「p と q はともに奇数」ではないとする．このとき，

$$a\cdot\left(\frac{q}{p}\right)^2+b\cdot\frac{q}{p}+c=0$$
$$\therefore\ aq^2+bpq+cp^2=0 \text{ ……①}$$

$\dfrac{q}{p}$ が既約分数であって「p と q はともに奇数」でないとき，p が偶数で q が奇数……②　または p が奇数で q が偶数……③　である．

a，b，c が奇数であるから，②のとき aq^2 が奇数で bpq，cp^2 が偶数だから①の左辺は奇数となる．③のときは，

aq^2，bpq が偶数で cp^2 が奇数だから①の左辺は奇数となる．①の右辺は偶数だからいずれも成り立たない．以上で，題意が示された．

（２） 背理法で示す．$ax^2+bx+c=0$ が有理数解 $x=\dfrac{q}{p}$（既約分数）をもつとすると，（１）で示したことから，p と q はともに奇数である．このとき，①の左辺の aq^2，bpq，cp^2 はいずれも奇数だから①の左辺は奇数となり，0 になることはない．以上で示された．

18 （１）のヒントの式は，「積→和」公式により

$$2\cos\theta\cos(n-1)\theta=\cos(n-2)\theta+\cos n\theta$$

となることから証明できる．ヒントを利用して，$n=k$，$k+1$ のときの成立を仮定する帰納法を使うことになる．すると，$n=1$，2 から出発することになるが，$n=2$ の場合は，$\cos 2\theta=2\cos^2\theta-1$ により，$p_2(x)=2x^2-1$ である．なお，$p_n(x)$ は１つに定まる．もしも $q_n(x)$ が $\cos n\theta=q_n(\cos\theta)$ を満たすとすれば，$\cos\theta=x$ とおくと，$-1\leqq x\leqq 1$ で $p_n(x)=q_n(x)$ が成立する．$-1\leqq x\leqq 1$ の無限個の x で成り立つのだから，整式 $p_n(x)$ と整式 $q_n(x)$ は一致する．

（２） 偶関数どうしの和や差は偶関数
奇関数どうしの和や差は奇関数
偶関数どうしの積は偶関数
奇関数どうしの積も偶関数
偶関数と奇関数の積は奇関数

となる（☞注 1）．

解 $\cos n\theta=2\cos\theta\cos(n-1)\theta-\cos(n-2)\theta$ ……①

（１） ある x の n 次式 $p_n(x)$ があって，$\cos n\theta=p_n(\cos\theta)$ と書けることを n についての数学的帰納法によって証明する．

（ｉ） $n=1$ のとき，$p_1(x)=x$ とすると，$\cos(1\cdot\theta)=\cos\theta$ により成り立つ．

（ii） $n=2$ のとき，$p_2(x)=2x^2-1$ とすると，$\cos(2\cdot\theta)=2\cos^2\theta-1$ により成り立つ．

（iii） $n=k$，$k+1$ のとき成り立つと仮定する．

$n=k+2$ のとき，①と帰納法の仮定を用いて，

$$\cos(k+2)\theta=2\cos\theta\cos(k+1)\theta-\cos k\theta$$
$$=2\cos\theta\cdot p_{k+1}(\cos\theta)-p_k(\cos\theta)$$

となるので，

$$p_{k+2}(x)=2xp_{k+1}(x)-p_k(x) \quad\cdots\cdots\cdots\cdots②$$

と $p_{k+2}(x)$ を定めれば，$\cos(k+2)\theta=p_{k+2}(\cos\theta)$ となる．また，次数について，仮定により $2xp_{k+1}(x)$ は $1+(k+1)=k+2$ 次式，$p_k(x)$ は k 次式なので $p_{k+2}(x)$ は $k+2$ 次式である．

（ｉ）～（iii）から，数学的帰納法により証明された．

（２） 「n が偶数のとき，$p_n(x)$ は偶関数．
n が奇数のとき，$p_n(x)$ は奇関数」

を n についての数学的帰納法により証明する．

（ｉ） $n=1$，2 で成り立つ．

（ii） $n=k$，$k+1$ で成り立つとする．

$n=k+2$ のとき，$k+2$ が偶数の場合には，k は偶数，$k+1$ は奇数なので，$p_k(x)$ は偶関数．
$2xp_{k+1}(x)$ は奇関数×奇関数で偶関数．
よって，②により $p_{k+2}(x)$ も偶関数．

$k+2$ が奇数の場合には，k は奇数，$k+1$ は偶数なので，$p_k(x)$ は奇関数，$2xp_{k+1}(x)$ は奇関数×偶関数で奇関数．
よって，②により $p_{k+2}(x)$ は奇関数．

（ｉ）（ii）から，数学的帰納法により証明された．

（３） $p_n(x)$ の定数項を求めるには，$x=0$ を代入すればよい．定数項は，$p_n(\cos\theta)=\cos n\theta$ により，

$$p_n(0)=p_n\left(\cos\frac{\pi}{2}\right)=\cos\frac{n\pi}{2}$$

よって，**n が 4 の倍数のとき，1**
n が 4 の倍数以外の偶数のとき，−1
n が奇数のとき，0

➡**注 1.** $f(x)$ が奇関数のとき，$f(-x)=-f(x)$
$g(x)$ が偶関数のとき，$g(-x)=g(x)$
が成り立つ．前文において，例えば奇関数×偶関数が奇関数になることは，$h(x)=f(x)\times g(x)$ とおくと，$h(-x)=f(-x)g(-x)=-f(x)g(x)=-h(x)$ となることから確認できる．

➡**注 2.** $p_n(x)$ はチェビシェフの多項式と呼ばれている．詳しくは，☞p.87.

19 $\sin x$ と $\cos x$ の対称式は $t=\sin x+\cos x$ だけで表すことができる．また，t の値を定めたとき，x が何個定まるかを調べる．その際，$y=\sin x+\cos x$ のグラフを活用しよう．

解 $2\sqrt{2}(\sin^3x+\cos^3x)+3\sin x\cos x=0$ …………①

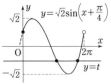

ここで，

$t=\sin x+\cos x$
（$0\leqq x<2\pi$ ……②）とおく．

$$t=\sqrt{2}\sin\left(x+\frac{\pi}{4}\right)$$

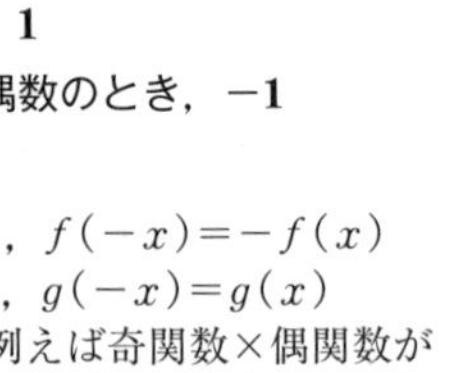

であるから，右図により，

$$\begin{cases} t=\pm\sqrt{2} \text{ のとき } x \text{ は 1 個} \\ -\sqrt{2}<t<\sqrt{2} \text{ のとき } x \text{ は 2 個} \end{cases} \quad\cdots\cdots\cdots\cdots③$$

であり，$-\sqrt{2}\leqq t\leqq\sqrt{2}$ ……④ である．また，

$t^2=1+2\sin x\cos x \qquad \therefore \quad \sin x\cos x=\dfrac{t^2-1}{2}$

[$a^3+b^3=(a+b)(a^2-ab+b^2)$ であるから]

$\therefore \quad \sin^3 x+\cos^3 x=(\sin x+\cos x)(1-\sin x\cos x)$

$$=t\left(1-\frac{t^2-1}{2}\right)=\frac{t(-t^2+3)}{2}$$

よって，①は

$$\sqrt{2}\,t(-t^2+3)+\frac{3}{2}(t^2-1)=0$$

$$\therefore \quad 2\sqrt{2}\,t^3-3t^2-6\sqrt{2}\,t+3=0 \quad \cdots\cdots\cdots\cdots⑤$$

⑤の左辺を $f(t)$ とおくと，

$f'(t)=6\sqrt{2}\,t^2-6t-6\sqrt{2}$

$=6(\sqrt{2}\,t^2-t-\sqrt{2})=6(\sqrt{2}\,t+1)(t-\sqrt{2})$

であるから，$y=f(t)$ の増減表，グラフは次の通り．

t	$-\sqrt{2}$	$\cdots$	$-\dfrac{1}{\sqrt{2}}$	$\cdots$	$\sqrt{2}$
$f'(t)$		$+$	0	$-$	0
$f(t)$	1	↗		↘	-7

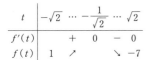

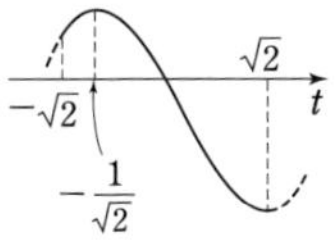

よって，④を満たす⑤の解 t はただ1個で，$\pm\sqrt{2}$ ではない．

したがって，③により，①，②を満たす x は**2個**.

ミニ講座・2 ペル方程式

○16 の例題では，

> 整数 a_n，b_n を $(3+2\sqrt{2})^n=a_n+b_n\sqrt{2}$
> $(n=1,\ 2,\ \cdots)$ で定めると，$(x,\ y)=(a_n,\ b_n)$ は
> $x^2-2y^2=1$ を満たす．

ということを示しました．

ここでは，この問題について少し掘り下げて考えてみます．なお，$x^2-2y^2=1$ のような形の不定方程式はペル方程式と呼ばれています．

まず，a_n と b_n を求めましょう．それには，例題の解答で作った漸化式

$$a_{n+1}=3a_n+4b_n,\ b_{n+1}=2a_n+3b_n \quad \cdots\cdots ①$$

を解けばよいのですが，実はそんなことをしなくても一瞬で求めることができます．

$$a_n+b_n\sqrt{2}=(3+2\sqrt{2})^n \quad \cdots\cdots ②$$

の $\sqrt{2}$ を $-\sqrt{2}$ にかえた式

$$a_n-b_n\sqrt{2}=(3-2\sqrt{2})^n \quad \cdots\cdots ③$$

が成り立つので，［証明はあとで］

$$\frac{②+③}{2} \text{ より } a_n=\frac{1}{2}\{(3+2\sqrt{2})^n+(3-2\sqrt{2})^n\}$$

$$\frac{②-③}{2\sqrt{2}} \text{ より } b_n=\frac{1}{2\sqrt{2}}\{(3+2\sqrt{2})^n-(3-2\sqrt{2})^n\}$$

です．入試では，「整数 a_n，b_n を②で定めるとき③が成り立つことを示せ」という問題が出ることがあります．感覚的には，上で述べたように「$\sqrt{2}$ を $-\sqrt{2}$ にかえて」ですが，答案は（これではマズイので）帰納法による証明を書くのがよいでしょう．①を導いてから

$a_k-b_k\sqrt{2}=(3-2\sqrt{2})^k$ を仮定し，①を用いて

$$(3-2\sqrt{2})^{k+1}=(a_k-b_k\sqrt{2})(3-2\sqrt{2})$$
$$=(3a_k+4b_k)-(2a_k+3b_k)\sqrt{2}=a_{k+1}-b_{k+1}\sqrt{2}$$

となります．

さて，②×③を計算してみると，

$$(a_n+b_n\sqrt{2})(a_n-b_n\sqrt{2})=(3+2\sqrt{2})^n(3-2\sqrt{2})^n$$
$$\therefore\ a_n^2-2b_n^2=\{(3+2\sqrt{2})(3-2\sqrt{2})\}^n$$
$$\therefore\ a_n^2-2b_n^2=1^n=1$$

となって，$(x,\ y)=(a_n,\ b_n)$ が $x^2-2y^2=1$ を満たしていることが確かめられます．

最後に，$x^2-2y^2=1$ の自然数解 x，y がここに出てきた $(x,\ y)=(a_n,\ b_n)$ に限られることを示してみましょう．

$(x,\ y)=(p,\ q)$ が $x^2-2y^2=1$ を満たす，すなわち $p^2-2q^2=1$ が成り立つとします．この $(p,\ q)$ に対し，$(a_n,\ b_n)$ から $(a_{n+1},\ b_{n+1})$ を作る操作と逆の操作を考え，整数 p'，q' を

$$(p+q\sqrt{2})(3-2\sqrt{2})=p'+q'\sqrt{2} \quad \cdots\cdots ☆$$

で定めます．☆の各辺に $3+2\sqrt{2}$ をかけると

$$p+q\sqrt{2}=(p'+q'\sqrt{2})(3+2\sqrt{2}) \quad \cdots\cdots ★$$

となることから，「逆の操作」であることが理解できるでしょう．☆に戻って，左辺を計算すると

$$3p-4q+(3q-2p)\sqrt{2}$$

ですから，

$$p'=3p-4q,\ q'=3q-2p$$

です．このとき，

$$(p')^2-2(q')^2=(3p-4q)^2-2(3q-2p)^2$$
$$=(9p^2-24pq+16q^2)-2(9q^2-12pq+4p^2)$$
$$=p^2-2q^2=1$$

となるので，$(x,\ y)=(p',\ q')$ は $x^2-2y^2=1$ の解です．

さらに，$p>3$，$q>2$ であれば

$$0<p'=3p-4q<p \cdots ④,\quad 0<q'=3q-2p<q \cdots ⑤$$

となります．これを示しましょう．

$p^2-2q^2=1$ の両辺を q^2 で割ると，

$$\frac{p^2}{q^2}-2=\frac{1}{q^2} \qquad \therefore\ \left(\frac{p}{q}\right)^2=2+\frac{1}{q^2}$$

$q>2$ なので，

$$2<\left(\frac{p}{q}\right)^2<2+\frac{1}{4} \qquad \therefore\ \frac{16}{9}<2<\left(\frac{p}{q}\right)^2<\frac{9}{4}$$

従って，$\dfrac{4}{3}<\dfrac{p}{q}<\dfrac{3}{2}$　すなわち

$$4q<3p,\ 2p<3q \quad \cdots\cdots ⑥$$

です．これで④，⑤の左側 $0<p'$，$0<q'$ が示されました．

右側の不等式は，

$$3p-4q<p \iff p<2q,\ 3q-2p<q \iff q<p$$

なので，⑥より成り立ちます．

以上で，$x^2-2y^2=1$ の自然数解 $(x,\ y)=(p,\ q)$ があると，$p>3$，$q>2$ であれば，より小さい解

$$(x,\ y)=(p',\ q')=(3p-4q,\ 3q-2p)$$

が作れることがわかりました．これを繰り返す（つまりこの p'，q' を改めて p，q とする）と，p は減少する自然数の列ですから，必ず $0<p\leqq 3$ となります．

この範囲に $x^2-2y^2=1$ の解は $(x,\ y)=(3,\ 2)$ しかありませんから，★より，この不定方程式の解は

a_n，b_n を $a_n+b_n\sqrt{2}=(3+2\sqrt{2})^n$ を満たす整数とするとき，$(x,\ y)=(a_n,\ b_n)$

に限られることが示されました．

ミニ講座・3
チェビシェフの多項式

○18 の演習題において，$p_n(x)$ を $T_n(x)$ と書くと，演習題の解答およびその経過から，次が成立します．

> 多項式関数の列 $\{T_n(x)\}$ $(n=0,\ 1,\ 2,\ \cdots)$ を，
> $T_0(x)=1,\ T_1(x)=x,$
> $T_{n+2}(x)=2xT_{n+1}(x)-T_n(x)$
> で定めると，$T_n(x)$ は以下の性質をもつ．
> （1） $T_n(x)$ は n 次式
> （2） n が偶数のとき $T_n(x)$ は偶関数
> 　　 n が奇数のとき $T_n(x)$ は奇関数
> （3） $\cos n\theta=T_n(\cos\theta)$

$T_n(x)$ を第１種チェビシェフの多項式といいます．

漸化式から，$n=2\sim5$ の $T_n(x)$ の式を求めると，

$T_2(x)=2x^2-1$

$T_3(x)=2x(2x^2-1)-x=4x^3-3x$ ……………①

$T_4(x)=2x(4x^3-3x)-(2x^2-1)=8x^4-8x^2+1$

$T_5(x)=2x(8x^4-8x^2+1)-(4x^3-3x)$
$=16x^5-20x^3+5x$

となります．

cos の３倍角の公式は，$\cos3\theta=4\cos^3\theta-3\cos\theta$ ですが，これは $\cos3\theta$ が $\cos\theta$ の多項式で表されること（①の x に $\cos\theta$ を代入した式で表される）を意味します．（3）により，$\cos n\theta$ は $\cos\theta$ の多項式 $T_n(\cos\theta)$ で表されます．$T_n(\cos\theta)$ は $\cos n\theta$ の n 倍角の公式になるわけです．

さて，$y=T_n(x)$ のグラフを考察してみましょう．$-1\leqq x\leqq1$ のとき，$x=\cos\theta$ とおくと，（3）により，

$$y=T_n(x)=T_n(\cos\theta)=\cos n\theta$$

となるので，

$\left.\begin{array}{l}-1\leqq x\leqq1\ のとき\\ -1\leqq y\leqq1\end{array}\right\}☆$

が成り立ちます．

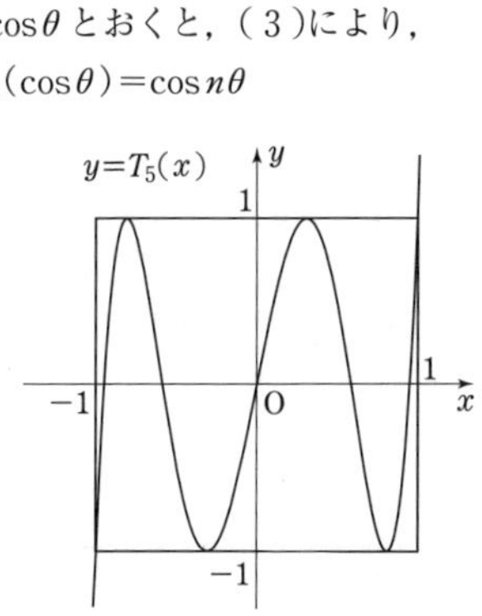

$y=T_5(x)$ のグラフを描くと右のようになります（正方形の枠は☆の境界線）．同様に，$y=T_3(x)$ と $y=T_4(x)$ のグラフを描くと下図のようになります．

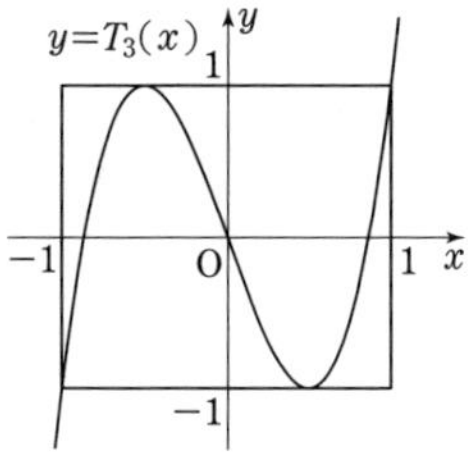

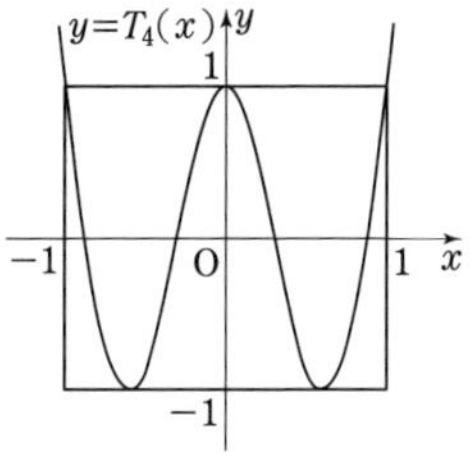

何か気づくことはありませんか？

$T_n(x)=0$ は n 次方程式なので，異なる実数解は n 個以下ですが，$n=5,\ 3,\ 4$ のとき，$y=T_n(x)$ は x 軸と異なる n 個の交点をもっています（図参照）．

そこで，次の問題を考えてみましょう．

> **問題** x の n 次方程式 $T_n(x)=0$ は，$-1\leqq x\leqq1$ の範囲に n 個の異なる解をもつことを示せ．

解 $x=\cos\theta$ ……① とおくと，$-1\leqq x\leqq1$ となる x に対し，①を満たし，かつ $0\leqq\theta\leqq\pi$ となる θ が１対１に対応する．

したがって，$T_n(x)=0$ の $-1\leqq x\leqq1$ での解の個数と，$T_n(\cos\theta)=0$ の $0\leqq\theta\leqq\pi$ での解の個数は等しい．

（3）を用いて，$T_n(\cos\theta)=0$ のとき，

$$\cos n\theta=0$$

$0\leqq\theta\leqq\pi$ のとき，$\theta=\dfrac{1}{n}\left(\dfrac{\pi}{2}+k\pi\right)$ $(k=0,\ 1,\ \cdots,\ n-1)$ という n 個の異なる解をもつから，題意が成り立つ．

ところで，○18 の例題で，t⇨x とすると，$\{a_n\}$ は $\{T_n(x)\}$ と同じ形の漸化式を満たしています．t⇨x，a_n⇨$U_{n-1}(x)$ として，$T_n(x)$ と同様にまとめると，実は次のようになります．

> 多項式関数の列 $\{U_n(x)\}$ $(n=0,\ 1,\ 2,\ \cdots)$ を，
> $U_0(x)=1,\ U_1(x)=2x,$
> $U_{n+2}(x)=2xU_{n+1}(x)-U_n(x)$
> で定めると，$U_n(x)$ は以下の性質をもつ．
> （i） $U_n(x)$ は n 次式
> （ii） n が偶数のとき $U_n(x)$ は偶関数
> 　　 n が奇数のとき $U_n(x)$ は奇関数
> （iii） $\sin n\theta=U_{n-1}(\cos\theta)\sin\theta$ $(n\geqq1)$

$U_n(x)$ を第２種チェビシェフの多項式といいます．（i）～（iii）のいずれも数学的帰納法で示すことができます．○18（2）は（iii）を示す問題でした．

あとがき

本書をはじめとする『1対1対応の演習』シリーズでは，スローガン風にいえば，

志望校へと続く
バイパスの整備された幹線道路

を目指しました．この目標に対して一応の正解のようなものが出せたとは思っていますが，100点満点だと言い切る自信はありません．まだまだ改善の余地があるかもしれません．お気づきの点があれば，どしどしご質問・ご指摘をしてください．

本書の質問や「こんな別解を見つけたがどうだろう」というものがあれば，“東京出版・大学への数学・1対1係宛（住所は下記）”にお寄せください．

質問は原則として封書（宛名を書いた，切手付の返信用封筒を同封のこと）を使用し，**1通につき1件**でお送りください（電話番号，学年を明記して，できたら在学（出身）校・志望校も書いてください）．

なお，ただ漠然と‘この解説が分かりません’という質問では適切な回答ができませんので，‘この部分が分かりません’とか‘私はこう考えたがこれでよいのか’というように具体的にポイントをしぼって質問するようにしてください（以上の約束を守られないものにはお答えできないことがありますので注意してください）．

毎月の「大学への数学」や増刊号と同様に，読者のみなさんのご意見を反映させることによって，100点満点の内容になるよう充実させていきたいと思っています．

（坪田）

大学への数学
1対1対応の演習／数学B［三訂版］

令和5年3月29日　第1刷発行
令和6年2月5日　第2刷発行

編　者　東京出版編集部
発行者　黒木憲太郎
発行所　株式会社　東京出版
〒150-0012　東京都渋谷区広尾3-12-7
電話 03-3407-3387　振替 00160-7-5286
https://www.tokyo-s.jp/

製版所　日本フィニッシュ
印刷所　光陽メディア
製本所　技秀堂

ISBN978-4-88742-273-5（定価はカバーに表示してあります）